Authentification réseau avec **Radius**

Authentification réseau avec Radius

802.1x • EAP • FreeRadius

Serge Bordères

Ouvrage dirigé par Nat Makarévitch

EYROLLES

ÉDITIONS EYROLLES
61, bd Saint-Germain
75240 Paris Cedex 05
www.editions-eyrolles.com

Remerciements à l'ISOC (Martin Kupres)
pour l'annexe B «RFC 2865» : © 2000, The Internet Society. Tous droits réservés.

Remerciements à Benjamin Sonntag.

Avant-propos

Le réseau informatique de tout établissement ou de toute entreprise est le premier maillon d'une grande chaîne qu'un utilisateur rencontre dès qu'il veut bénéficier des services en ligne qui lui sont proposés localement ou à distance dans les méandres d'Internet. L'accès à un réseau est un service qui peut être convoité dans un but malveillant. Un pirate qui obtient la clé d'un réseau peut chercher à s'y introduire, compromettre des machines et s'en servir pour rebondir vers d'autres réseaux avec toutes les conséquences désagréables que cela implique.

Du point de vue de l'utilisateur, le fait de se connecter physiquement au réseau doit être une opération très simple, parce que c'est la première étape qu'il doit franchir, avant bien d'autres, pour accéder aux ressources dont il a besoin. Il convient donc de ne pas lui compliquer les procédures à outrance.

De son côté, le responsable du réseau a le souci de mettre en place des moyens de contrôle des accès, et pour cela, il doit résoudre une sorte de quadrature du cercle : simplicité pour l'utilisateur, fiabilité des mécanismes, niveau de sécurité élevé, le tout en utilisant le plus possible les standards disponibles.

Pour tendre vers cet objectif, il a à sa disposition toute une palette de protocoles d'authentification qu'il doit associer selon une formule optimale. Au cœur de celle-ci on trouve comme principal ingrédient le protocole Radius. Il est épaulé par une panoplie d'autres protocoles qui lui apportent les fonctions supplémentaires permettant d'augmenter et de graduer le niveau de sécurité en fonction des conditions liées à l'environnement local.

L'imbrication et l'interaction de ces protocoles sont à l'origine de la complexité interne des solutions d'authentification réseau. Comprendre ces environnements est une étape importante dans la maîtrise d'un tel dispositif. C'est l'objectif de ce livre.

À qui est destiné ce livre ?

Ce livre est destiné à tous les administrateurs de réseau qui s'intéressent aux solutions d'authentification autour des serveurs Radius, et plus particulièrement dans les réseaux locaux, filaires ou sans fil. Ils y trouveront la documentation nécessaire, qu'ils aient déjà commencé à déployer une solution ou s'ils s'apprêtent à le faire. Il leur sera présenté des explications théoriques dans lesquelles les mécanismes d'authentification seront décortiqués, ainsi que des exemples pratiques sur tous les aspects de la mise en œuvre, depuis le serveur Radius jusqu'au poste de travail, en passant par les équipements réseau.

Structure du livre

Les chapitres 1 à 6 constituent une première partie de description des principes fondamentaux.

La seconde partie, à partir du chapitre 7, correspond à la mise en œuvre des mécanismes étudiés dans la première partie.

Le **chapitre 1** pose les problèmes liés à l'authentification sur réseau local et définit le périmètre du contenu de ce livre.

Le **chapitre 2** passe en revue les divers matériels (au sens large) qui seront nécessaires pour mener à bien une authentification réseau.

Le **chapitre 3** s'intéresse aux critères que peut présenter un utilisateur ou un poste de travail pour être authentifié.

Le **chapitre 4** explique les principes généraux des protocoles Radius et 802.1X qui seront analysés dans les chapitres suivants.

Le **chapitre 5** détaille le protocole Radius.

Dans le **chapitre 6** nous verrons comment Radius a été étendu pour s'interfacer avec d'autres protocoles complémentaires (802.1X par exemple) et nous les détaillerons à leur tour.

Le **chapitre 7** est une introduction à FreeRadius, qui détaille les mécanismes qu'il met en jeu pour implémenter le protocole Radius.

Dans le **chapitre 8**, nous verrons, au travers d'exemples concrets, comment un serveur FreeRadius doit être mis en œuvre et comment les autres participants (équipements réseaux, postes de travail) de la chaîne d'authentification doivent être paramétrés.

Le **chapitre 9** est une continuation du précédent. Il y est décrit comment les postes de travail doivent être configurés pour utiliser le protocole 802.1X.

Le **chapitre 10** explique comment un serveur FreeRadius peut s'interfacer avec un domaine Windows ou LDAP pour stocker les informations dont il a besoin.

Le **chapitre 11** décrit quelques moyens d'analyse du trafic réseau lors de l'établissement d'une authentification.

Une liste de documents de spécifications (*Request For Comments*) liés aux protocoles étudiés pourra être trouvée dans l'**annexe A**.

Dans l'**annexe B**, on trouvera le texte de la RFC 2865, la principale référence du protocole Radius.

Remerciements

Mes premiers remerciements chaleureux vont à Stella Manning, ma compagne, qui m'a soutenu dans ce projet et qui, bien que profane en la matière, a patiemment relu tout le livre afin de me conseiller pour en améliorer le style et la syntaxe.

Philéas, qui a bien voulu rester sage dans le ventre de sa mère (précédemment citée) et qui a certainement déjà pu apprécier le monde numérique dans lequel il naîtra à peu près en même temps que cet ouvrage.

Roland Dirlewanger, directeur des systèmes d'information à la délégation régionale Aquitaine-Limousin du CNRS, qui a apporté son avis d'expert en matière de réseaux et de sécurité informatique.

Anne Facq, responsable du service informatique du Centre de Recherche Paul Pascal, et Laurent Facq, directeur technique de REAUMUR (REseau Aquitain des Utilisateurs en Milieu Universitaire et de Recherche) qui ont, en famille, décortiqué ce livre et apporté une critique constructive et précieuse.

Régis Devreese, responsable du service informatique du Laboratoire d'Étude de l'Intégration des Composants et Systèmes Électroniques pour les questions pointues qu'il m'a souvent posées et qui m'ont incité à approfondir mes connaissances dans le domaine de l'authentification.

Je remercie également Muriel Shan Sei Fan et Nat Makarevitch des éditions Eyrolles qui m'ont permis de publier ce livre et qui m'ont aidé à le composer.

Table des matières

CHAPITRE 6

Les extensions du protocole Radius 33

CHAPITRE 7

FreeRadius 55

CHAPITRE 8

Mise en œuvre de FreeRadius 83

CHAPITRE 10

Mise en œuvre des bases de données externes...................... 133

CHAPITRE 11

Outils d'analyse 151

CHAPITRE A

Références.. 165

CHAPITRE B

La RFC 2865 – RADIUS 167

Index.. 207

1

Pourquoi une authentification sur réseau local ?

Ce début de XXIe siècle est marqué par l'explosion des réseaux sans fil qui constituent, de plus en plus, une composante à part entière des réseaux locaux. Cette technologie sans fil était considérée à l'origine comme un instrument d'appoint. Mais son évolution rapide, celles des mentalités et des habitudes conduisent les administrateurs réseaux à repenser les relations entre réseaux sans fil et filaires.

En effet, si le sans-fil se développe, il n'en reste pas moins que le réseau filaire est toujours bien là et indispensable. On remarquera également qu'un poste de travail qui dispose de la double connectique sans fil et filaire a la possibilité d'être connecté, simultanément, dans les deux environnements.

L'évolution des architectures de réseau

Les réseaux locaux filaires ont aussi beaucoup évolué ces dernières années, passant d'une architecture peu structurée à une ségmentation en sous-réseaux souvent motivée par la volonté de mieux maîtriser les flux entre différents utilisateurs ou types d'activités, notamment grâce à l'utilisation de filtres. Cette évolution est facilitée par l'introduction de réseaux virtuels (VLAN) dont la multiplication ne coûte rien.

On peut alors être tenté de placer les postes sans fil dans un sous-réseau dédié et les postes filaires sur un autre. Mais est-ce une bonne idée ? Pourquoi un poste donné serait-il traité différemment suivant la méthode d'accès au réseau ? N'est-ce pas le même poste, le même utilisateur ? La logique ne voudrait-elle pas qu'un même poste soit toujours perçu de la même manière sur le réseau, quel que soit son mode d'accès ? Autrement dit, un poste ne doit-il pas être placé sur le même sous-réseau, qu'il se connecte par le biais du réseau sans fil ou par le biais du réseau filaire ? Cette banalisation du traitement constitue une intégration logique des deux moyens physiques.

À ces questions, on pourrait répondre que la sécurité des réseaux sans fil n'est pas assez poussée et qu'il vaut mieux ne pas mélanger les torchons avec les serviettes. Pourtant cet argument est contraire à la sécurité car, si un poste dispose de la double capacité sans fil/filaire, il a alors la possibilité de faire un pont entre les deux environnements et de se jouer des filtrages établis entre les réseaux virtuels qui ne servent alors plus à rien.

Nouveau paramètre pour la sécurité des réseaux sans fil

Si on sait parfaitement où commence et où finit un réseau filaire, et qu'il faut se connecter sur une prise physique pour avoir une chance de l'écouter, la difficulté avec les réseaux sans fil réside dans le fait que leur enveloppe est floue. Il n'y a pas de limites imposables et contrôlables. Une borne Wi-Fi émet dans toutes les directions et aussi loin que porte son signal. Bien souvent, ses limites dépassent les bâtiments de l'établissement et parfois plusieurs réseaux se recouvrent. Donc, partout dans le volume couvert par une borne, des « espions » peuvent s'installer et intercepter les communications ou s'introduire dans le réseau et l'utiliser à leur profit.

Cette situation fut très problématique pour les premières installations Wi-Fi à cause de l'absence de méthode d'authentification fiable des postes de travail et de mécanismes de chiffrement fort des communications. Cela n'incitait pas à mélanger les postes filaires et sans fil.

La première notion de sécurité fut introduite par les clés WEP (de l'anglais *Wired Equivalent Privacy*), utilisées à la fois comme droit d'accès au réseau et pour chiffrer les communications. Cependant, il ne pouvait s'agir d'une méthode d'authentification sérieuse puisque la seule connaissance de la clé partagée entre tous les utilisateurs et les bornes donnait accès au réseau. Quant au chiffrement, les pirates ont très vite eu raison de l'algorithme utilisé, qui ne résiste pas à une simple écoute du trafic suivie d'une analyse. Des logiciels spécifiques ont été développés, tels que Aircrack ou Airsnort, qui permettent d'automatiser ce type d'attaques.

Les nouvelles solutions de sécurité

Mais depuis, la situation a bien évolué grâce à l'arrivée des protocoles WPA puis WPA2 (*Wi-Fi Protected Access*) et par là même des capacités d'authentification plus robustes. Il est désormais possible d'établir une authentification forte et d'enchaîner sur un chiffrement solide des communications de données. À partir de là, on peut atteindre un niveau de sécurité satisfaisant et intégrer plus sereinement réseau sans fil et réseau filaire.

Plusieurs écoles s'affrontent au sujet de la sécurité des communications Wi-Fi. On peut considérer que le chiffrement est une tâche qui peut être laissée aux applications de l'utilisateur (SSH, HTTPS…). On peut aussi chiffrer grâce à un serveur VPN (*Virtual Private Network*). Dans ce dernier cas, un logiciel client doit être installé et configuré sur chaque poste de travail. Il a pour rôle d'établir une communication chiffrée entre lui et un serveur VPN, qui assure un rôle de passerelle avec le réseau filaire. Cela revient donc à ajouter une couche logicielle supplémentaire sur le poste de travail. Pourtant, est-ce bien nécessaire ? En effet, aujourd'hui, tous les systèmes d'exploitation possèdent déjà une couche équivalente qui porte le nom de **supplicant** et qui est complètement intégrée au code logiciel des fonctions réseau. De plus, ce supplicant est compatible avec WPA, ce qui lui procure à la fois des fonctions de chiffrement et d'authentification. Afin de répondre aux requêtes des supplicants, il faut installer, comme chef d'orchestre, un serveur d'authentification qui implémentera le protocole **Radius** (*Remote Authentication Dial In User Service*).

Radius, le chef d'orchestre

La première tâche de ce serveur est d'authentifier les requêtes qui lui parviennent d'un poste client, c'est-à-dire d'engager des échanges avec lui pour obtenir la preuve qu'il est bien qui il prétend être. On peut distinguer deux types généraux de preuves : par mot de passe ou bien via un certificat électronique.

L'authentification peut être suffisante en elle-même dans une structure de réseau « à plat », c'est-à-dire sans segmentation, et où tous les postes de travail sont considérés de façon équivalente. Cependant, lorsque le réseau est segmenté, cela ne suffit pas. Que faire d'un poste authentifié ? Où le placer sur le réseau ? Dans quel VLAN ? C'est la deuxième tâche du serveur Radius, qui a aussi pour rôle de délivrer des autorisations. Ce terme d'autorisation, lié au protocole Radius, doit être pris dans un sens très large. Il correspond en fait à des attributs envoyés à l'équipement réseau (borne, commutateur) sur lequel est connecté le poste de travail. Sur un réseau local, le numéro du VLAN est un de ces attributs qui permet de placer le poste au bon endroit du réseau en fonction de son identité, et ce automatiquement. En quelque sorte, le serveur Radius va dire à l'équipement réseau : « J'ai authentifié le poste qui est connecté sur ton interface *i* et je te demande de l'ouvrir en lui affectant le VLAN *v* ». Sur un commutateur, c'est à ce moment là que la diode (verte en général), correspondant à cette interface, doit s'allumer. Cette allocation dynamique du VLAN garantit une finesse d'exploitation bien plus intéressante qu'une séparation des réseaux sans fil et filaires en plusieurs VLAN distincts.

L'appellation « protocole d'authentification » pour Radius est donc un abus de langage. Il s'agit, en réalité, d'un protocole d'authentification, d'autorisation et de comptabilité (*accounting*). Cette dernière composante permet d'enregistrer un certain nombre d'indicateurs liés à chaque connexion (heure, adresse de la carte Ethernet du client, VLAN...) à des fins de traitement ultérieur.

Pour les réseaux sans fil, le serveur Radius possède une troisième mission : amorcer les algorithmes de chiffrement de données, c'est-à-dire des communications que le poste de travail établira après la phase d'authentification.

L'unification des méthodes d'authentification

Ces techniques d'authentification ne sont pas spécifiques aux réseaux sans fil. D'ailleurs, certains des protocoles sous-jacents à WPA (**IEEE 802.1X et EAP**) ont été initialement développés pour des réseaux filaires. La différence principale avec le sans-fil, c'est que les communications de données ne seront pas chiffrées.

Pour le reste, il est intéressant de tirer parti de l'existence d'un serveur Radius pour bénéficier de ses services sur le réseau filaire. Notamment, l'allocation dynamique des VLAN qui permettra, en plus, de savoir qui est connecté sur quelle prise.

L'administrateur du réseau a alors la possibilité d'unifier la gestion des accès. Un même serveur Radius authentifie les clients quelle que soit leur origine, tout en étant capable de différencier les méthodes (mot de passe, certificat...). Le poste de travail est banalisé et sa place dans le réseau dépend uniquement de son identité.

Les protocoles étudiés dans cet ouvrage

La mise en œuvre d'une telle authentification, si elle devient de plus en plus incontournable, est rendue assez délicate par l'empilement des technologies et des protocoles. Cet ouvrage a pour but, dans un premier temps (chapitre 1 à 6), de détailler les mécanismes et les interactions entre ces protocoles au travers de deux grandes familles :

- Radius-MAC, qui est une méthode basique qui ne met pas en jeu 802.1X et qui consiste à authentifier un poste par l'adresse de sa carte réseau (adresse MAC). Ce moyen est plutôt destiné aux réseaux filaires.
- 802.1X avec EAP, méthode plus sophistiquée qui permet des authentifications par mots de passe ou certificats électroniques, et qui, pour le sans-fil, permet l'utilisation de WPA.

Dans un deuxième temps (chapitre 7 à 11), nous étudierons les configurations nécessaires sur le serveur Radius, sur les équipements réseau (bornes Wi-Fi, commutateurs) et sur les postes de travail, pour tous les cas expliqués dans la première partie.

Les technologies qui sous-tendent ces protocoles sont extrêmement riches et il existe de nombreux cas envisageables impliquant autant de possibilités de paramétrage. Afin de rester le plus clair et le plus pédagogique possible, les cas les plus représentatifs seront développés. Les principes fondamentaux qui les gouvernent pourront ensuite être appliqués à d'autres options de mise en œuvre propres à un site.

En résumé...

L'implantation d'une solution d'authentification sur un réseau local filaire produit des bénéfices importants. L'introduction des réseaux sans fil exacerbe les questions de sécurité et pousse au déploiement de ces technologies d'authentification.

Elles permettent à l'utilisateur d'utiliser à sa convenance sa connexion filaire ou sans fil sans aucune différence fonctionnelle, et la gestion du réseau en sera, de surcroît, optimisée et sécurisée. L'évolution des protocoles d'authentification, alliés à des algorithmes de chiffrement performants, permettent désormais de tirer parti du meilleur des deux mondes, filaire et sans fil.

DÉFINITION **RFC**

Régulièrement dans ce livre il sera fait référence à des RFC (*Request For Comments*). Il s'agit de documents, enregistrés par l'IETF (*Internet Engineering Task Force*), décrivant des technologies utilisées sur les réseaux Internet. Avant d'être élevé au stade de RFC, un document est considéré comme un brouillon (*draft*). Une fois que le statut de RFC est atteint, il peut devenir un standard (*Internet Standard*). L'annexe propose la liste des principales RFC qui décrivent les protocoles qui seront étudiés dans ce livre.

2

Matériel nécessaire

Toute la difficulté de la mise en œuvre d'une solution d'authentification réside dans le fait qu'il s'agit d'un fonctionnement tripartite : l'équipement réseau, le poste utilisateur et le serveur d'authentification. Ce chapitre fait l'inventaire des moyens dont il faut disposer.

Les équipements réseau

L'élément pivot de tout le dispositif est l'équipement réseau, c'est-à-dire le commutateur ou la borne sans fil. Dans la terminologie Radius, ces équipements sont appelés **NAS** (de l'anglais *Network Access Server*). Ils sont aussi nommés **clients Radius** puisque ce sont eux qui soumettent des requêtes au serveur. Avec 802.1X, ils sont appelés **authenticators**.

Ils doivent impérativement supporter au moins les standards suivants :

- le protocole Radius ;
- les protocoles IEEE 802.1X et EAP.

De plus, si l'utilisation des réseaux virtuels est souhaitée, les NAS devront être compatibles avec le protocole **IEEE 802.1Q** qui définit les critères d'utilisation des réseaux virtuels, appelés VLAN (*Virtual Local Area Network*).

Avant de rentrer dans le détail des protocoles d'authentification, il est important de rappeler comment fonctionne le protocole 802.1Q.

Rappels sur les VLAN et IEEE 802.1Q

Sur un commutateur, chaque port peut être associé à un VLAN. Celui-ci est associé à un réseau (adresse IP et Netmask). Les postes connectés sur des ports de même VLAN peuvent communiquer entre eux. Pour communiquer d'un VLAN à l'autre, il faut disposer d'une fonction de routage sur le commutateur lui-même (qui dans ce cas est un commutateur-routeur) ou bien sur un routeur sur lequel est connecté le commutateur.

DÉFINITION **Netmask**

Le masque de sous-réseau (*netmask*) est une suite de 32 bits qui permet de diviser une adresse IP en une adresse de sous-réseau et une adresse d'ordinateur. Une suite consécutive de 1 à partir du début du masque définit l'adresse du réseau. Le reste (positionné à 0) correspond à l'adresse de l'ordinateur dans ce réseau. Une adresse IP n'a de sens que si on connaît le netmask associé.

Par exemple, si une machine a pour adresse IP 10.20.3.2 avec le netmask 255.255.0.0, cela signifie qu'elle appartient au réseau 10.20.0.0 et qu'elle a pour adresse 3.2.

Un VLAN est toujours caractérisé par un couple adresse de réseau/masque de réseau.

Les commutateurs sont reliés entre eux par une liaison Ethernet de port à port. Si ces ports sont affectés à un VLAN précis, alors seules les communications concernant ce VLAN pourront transiter. Pour que tous les VLAN d'un commutateur puissent communiquer avec tous les VLAN équivalents d'un autre commutateur, il faut qu'ils soient reliés par un lien 802.1Q.

Ce protocole est matérialisé par l'ajout d'une balise de quatre octets aux trames Ethernet lorsqu'elles passent d'un commutateur à l'autre. Ainsi, lorsqu'une trame part d'un commutateur, celui-ci peut y ajouter le numéro de VLAN auquel elle est destinée. Le commutateur qui reçoit peut ainsi savoir sur quel VLAN il doit placer la trame, après lui avoir retiré les quatre octets. Les constructeurs donnent des noms différents à ce type de configuration. Par exemple, chez Cisco les liens 802.1Q sont appelés « liens trunk » alors que chez Helwett Packard ils sont appelés « liens taggués ».

La figure 2-1 montre un schéma basique d'une architecture utilisant 802.1Q. Les postes sur un même VLAN et un même commutateur communiquent directement, alors que les communications des postes placés sur des VLAN différents doivent remonter jusqu'au routeur pour changer de réseau, même s'ils sont connectés sur le même commutateur. Le routeur est lui-même connecté grâce à des liens 802.1Q vers les commutateurs.

> **NORME IEEE 802.1Q**
>
> Une trame Ethernet est composée de cinq champs : l'adresse Ethernet de destination, l'adresse Ethernet source, le type de protocole ou la longueur des données, les données et un champ de contrôle d'erreur.
>
> Le protocole 802.1Q est porté par une balise de quatre octets qui vient s'intercaler dans cette trame après le champ de l'adresse source. Cette balise est elle-même composée de quatre champs :
>
> - TPID ou *Tag Protocol Identifier* : formé de deux octets, on y trouve un code pour identifier le protocole utilisé. Par exemple, pour 802.1Q on trouvera : 0x8100.
> - Priorité : ce champ permet d'attacher une priorité à un VLAN pour le favoriser ou, au contraire, le pénaliser par rapport aux autres VLAN. Il est composé de trois bits permettant de définir huit niveaux de priorité.
> - CFI ou *Canonical Format Identifier* : il s'agit d'un seul bit permettant d'assurer la compatibilité entre les adresses MAC de réseau Ethernet et Token Ring. Ce bit vaut zéro pour Ethernet.
> - VID ou VLAN ID : les douze bits de ce champ permettent d'inscrire le numéro du VLAN. Il est donc possible de gérer 4 094 VLAN.

Figure 2–1

Exemple d'architecture
utilisant 802.1Q

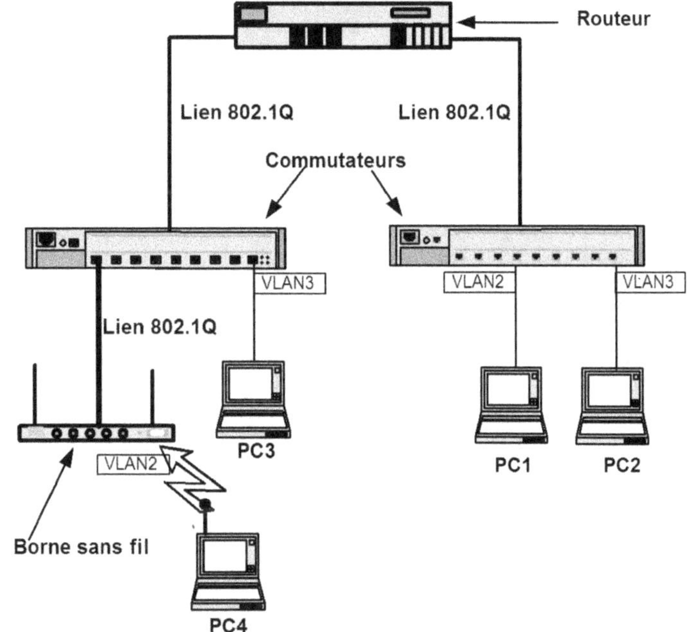

La vision physique du schéma précédent peut être transformée en une vision logique (figure 2-2) dans laquelle les postes sont représentés sur les sous-réseaux auxquels ils appartiennent. La technique des réseaux virtuels permet de placer sur des mêmes sous-réseaux des postes éloignés physiquement (dans des bâtiments différents par exemple) ou utilisant des liaisons différentes (filaire ou sans fil).

Figure 2–2
Schéma logique d'une
architecture 802.1Q

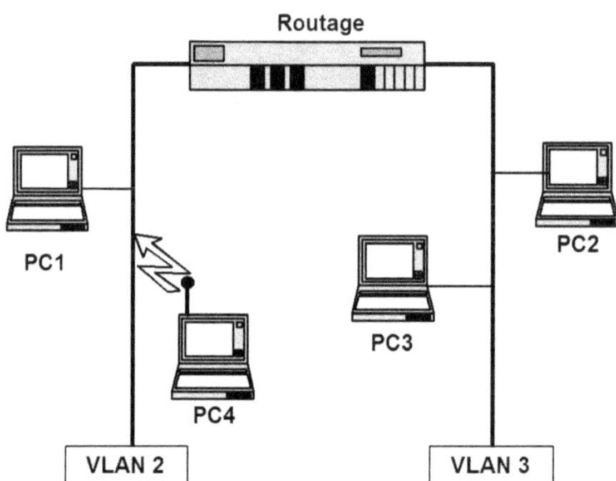

Les ports des commutateurs peuvent être configurés soit de manière statique soit de manière dynamique.

La première méthode consiste à figer le port dans un VLAN quel que soit le poste qui s'y connecte. La deuxième méthode consiste à attendre que le serveur d'authentification communique au commutateur le numéro de VLAN à affecter à chaque port en fonction du poste qui s'y connecte. C'est bien sûr ce cas qui nous intéresse ici.

Pour le sans-fil, malgré les apparences, la technique est la même. Bien sûr, dans une communication entre une borne et un client, il n'y a pas de port physique. Mais cette communication s'établit bien au travers d'un port virtuel maintenu par la borne. Comme en filaire, ce port pourra être ouvert dynamiquement sur tel ou tel VLAN.

La borne se comporte donc comme un commutateur. Elle sera elle-même reliée au réseau filaire par le biais d'un lien 802.1Q (figure 2-1).

Ainsi, le poste PC4 qui se connecte par le réseau sans fil, s'il est authentifié et autorisé sur le VLAN2 (figure 2-2), sera effectivement placé sur le même sous-réseau que le poste PC1 qui, lui, s'est connecté par le réseau filaire et peut se trouver physiquement n'importe où sur le site.

> PRÉCAUTION **Mise à jour du matériel**
>
> Il conviendra donc, avant toute chose, de bien vérifier si son matériel, ou celui qu'on souhaite acquérir, possède bien les fonctionnalités décrites ci-dessus. Il faudra aussi bien faire attention à ce que le support de ces protocoles soit complet. En effet, on peut trouver des matériels supportant Radius avec EAP mais pas l'authentification par adresse MAC (Radius-MAC).
>
> Pour les bornes Wi-Fi, il faudra aussi vérifier qu'elles gèrent bien WPA ou WPA2 afin de permettre, après l'authentification, le chiffrement des communications basées sur un échange de clés dynamiques. Nous reviendrons sur cette aspect au chapitre 6 au paragraphe « Spécificités Wi-Fi : la gestion des clés de chiffrement et WPA ».
>
> Compte tenu du nombre de protocoles mis en jeu, et donc des multiples problèmes pouvant être liés à leur interopérabilité, il est important de mettre à jour le micro-code (*firmware*) du matériel afin de disposer de sa dernière version. Cela permettra de s'affranchir de problèmes déjà connus et résolus. Les fichiers images sont disponibles sur les sites des constructeurs. La mise à jour consiste en général à faire un téléchargement TFTP ou bien HTTP si une interface web est disponible.

Le serveur d'authentification

Malgré la mise en œuvre de plusieurs protocoles, un seul serveur d'authentification sera nécessaire. Nous le verrons plus loin, 802.1X et EAP constituent deux aspects d'un même protocole qui est lui même transporté par Radius. Le serveur d'authentification sera donc un serveur Radius.

Il faudra faire deux choix : le système d'exploitation et l'implémentation de Radius.

Il existe plusieurs solutions sur le marché, certaines commerciales, d'autres libres. Citons par exemple :

- ACS (*Access Control Server* de Cisco sous Windows) ;
- Aegis (de MeetingHouse sous Linux) ;
- IAS (*Internet Authentication Service* de Microsoft sous Windows) ;
- OpenRadius (libre sous Linux) ;
- FreeRadius (libre sous Linux, BSD, Solaris et Windows).

C'est cette dernière implémentation que nous utiliserons et que nous détaillerons à partir du chapitre 7. Elle présente l'avantage d'être très stable, de bénéficier d'une communauté très active au travers d'un site web et de listes de diffusion. Il s'agit d'une solution très largement répandue sur divers systèmes d'exploitation et apte à s'intégrer dans des environnements très variés grâce à sa compatibilité avec les standards les plus courants. De plus, elle est gratuite.

> **Redondance de serveurs**
>
> Un seul serveur suffit mais comme il sera très vite un maillon vital de l'architecture, il faudra prévoir de le doubler par une machine secondaire apte à prendre le relais en cas de panne du serveur principal.
> Les conditions de basculement de l'un à l'autre seront paramétrées dans l'équipement réseau.

Le serveur Radius a besoin d'une base de données qu'il pourra interroger pour obtenir les informations dont il a besoin pour authentifier (mot de passe par exemple) ou pour délivrer des autorisations (numéro de VLAN). Il peut s'agir d'une base intrinsèque à l'implémentation Radius ou d'une base externe (Oracle, domaine Windows, LDAP, etc.). Cette base peut-être séparée en deux entités : une base pour authentifier et une autre pour autoriser.

Le serveur Radius doit pouvoir interroger ces bases mais il n'est pas de sa responsabilité de les gérer ou de les renseigner. Le chapitre 10 est consacré à la mise en œuvre de deux types de bases externes : un domaine Windows et une base LDAP.

Les postes clients

L'authentification par adresse MAC (Radius-MAC) ne dépend pas de la machine ou du système d'exploitation du poste de travail. Il suffit de le brancher et l'équipement réseau le détecte et enclenche le protocole Radius.

Dans le cas du sans-fil, ce « branchement » correspond à la phase d'association du poste sur la borne.

> Définition **Association et SSID**
>
> Avant de commencer un quelconque processus d'authentification, le poste de travail doit s'associer à la borne. Par analogie avec les réseaux filaires, cette opération revient à brancher un câble virtuel entre la borne et le poste. Celui-ci émet des requêtes de sondage (*probe request*) exprimant ainsi son souhait de se connecter sur le réseau Wi-Fi et, plus précisément sur un SSID (*Service Set ID*), qui est le nom du réseau. Lorsque la borne qui gère ce réseau capte le signal, elle peut répondre et ainsi s'associer au poste.

Pour l'authentification 802.1X, il faudra que le poste client dispose d'un logiciel appelé « supplicant ». Aujourd'hui, les versions les plus récentes de Windows et Mac OS disposent de ce logiciel en standard. Sous Linux, la situation dépend de la distribution qui inclut ou non un supplicant. Dans tous les cas, il est possible d'installer **Xsupplicant** ou **wpa_supplicant**. Ces deux utilitaires sont également disponibles dans le monde BSD.

Pour un poste sans fil, il faudra vérifier que la carte Wi-Fi est bien compatible avec WPA. Il faudra faire attention et vérifier qu'il s'agit bien de WPA-Enterprise et pas seulement de **WPA-PSK**, parfois appelé WPA-Home, qui peut être considéré comme une version simplifiée n'utilisant pas de serveur Radius.

Avec Linux, la situation est parfois plus compliquée. Il faudra vérifier si le pilote de la carte sans fil est disponible. Dans le cas contraire, il sera, par exemple, possible d'installer le logiciel **NDISWRAPPER** qui permet d'utiliser des pilotes Windows sous Linux. Cependant, cette solution n'est pas infaillible et peut poser des problèmes avec certaines cartes ou versions du noyau Linux.

3

Critères d'authentification

Après avoir passé en revue les acteurs, nous allons ici nous poser deux questions importantes : que veut-on authentifier et comment le faire ? Les réponses à ces deux questions permettront de mettre en place une architecture s'adaptant à l'environnement existant, ou bien de faire évoluer ce dernier afin d'obtenir une solution d'authentification plus complète et plus robuste.

Authentifier : quoi ?

Authentifier c'est bien, mais que veut-on authentifier au juste ? Des utilisateurs ou des machines ?

Cette question mérite d'être posée car selon la réponse, les choix de mise en œuvre seront différents.

Si on authentifie des utilisateurs, cela signifie que l'authentification et l'autorisation, donc le VLAN offert, seront dépendantes de l'utilisateur qui exploite la machine. Une même machine sera connectée à tel ou tel VLAN suivant son utilisateur.

Par exemple, lorsque Dupont se connecte sur la machine PC1, elle est placée sur le VLAN 2 et lorsque Durand se connecte sur cette même machine, elle est placée sur le VLAN 3.

Cela signifie donc que soit l'authentification (et donc l'établissement de la liaison réseau) se fait au moment où chaque utilisateur se connecte dans sa session, soit c'est l'identité d'un seul utilisateur qui est considérée au moment où la machine démarre.

Si on authentifie des machines, cela signifie que quels que soient leurs utilisateurs, les machines seront toujours placées sur le même VLAN. La machine dispose alors d'une identité propre et unique qui peut être utilisée pour l'authentifier au moment du démarrage, ou au moment de la connexion d'un utilisateur.

Authentifier : avec quoi ?

De quels éléments dispose-t-on pour authentifier un utilisateur ou une machine ? Dans cet ouvrage, nous traiterons de trois cas parmi les plus communément répandus et les plus faciles à déployer :

- Authentification avec l'adresse Ethernet (adresse MAC)

  L'adresse MAC de la carte Ethernet du poste de travail identifie ce dernier. Cette adresse MAC n'est pas une preuve absolue d'identité puisqu'il est relativement facile de la modifier et d'usurper l'identité d'un autre poste de travail.

  Néanmoins, sur un réseau filaire, cette adresse peut être suffisante puisque, pour tromper le système d'authentification, il faudra tout de même pénétrer sur le site, connaître une adresse MAC valide et réussir à s'en servir. Même si on peut imaginer qu'une personne décidée peut y arriver, cette solution est suffisante si on considère qu'il s'agit là d'une première barrière. En revanche, si on souhaite une authentification très forte il faudra utiliser une autre méthode, à savoir 802.1X et EAP.

  Dans le cas du sans-fil, l'authentification par adresse MAC fonctionne également mais elle est fortement déconseillée comme unique moyen. En effet, même si on met en place un chiffrement fort des communications, l'adresse MAC circule toujours en clair. Or, le problème du sans-fil est que le périmètre du réseau est flou et incontrôlable. Par conséquent, n'importe qui, écoutant ce réseau, même sans accès physique, peut capter des adresses MAC et s'en servir très facilement ensuite pour s'authentifier. Cet inconvénient est moindre en filaire car le périmètre est complètement déterminé et une présence physique dans les locaux est nécessaire.

  Ce type d'authentification est appelé **Radius-MAC** ou encore MAC-based.

- Authentification par identifiant et mot de passe

  Ce type d'authentification correspond plutôt à une authentification par utilisateur et suppose qu'il existe quelque part une base de données qui puisse être interrogée par le serveur.

  Plusieurs protocoles peuvent être mis en œuvre pour assurer une authentification par identifiant et mot de passe. Cependant, il convient d'éliminer ceux pour lesquels

> **DÉFINITION Les adresses MAC ou adresses Ethernet**
>
> L'adresse MAC (de l'anglais *Media Access Control*) est une chaîne hexadécimale de six octets qui identifie une carte Ethernet. Cette adresse doit être unique au niveau mondial. C'est l'IEEE (*Institut of Electrical and Electronics Engineers*) qui gère ces adresses et qui en distribue des plages à chaque constructeur. Bien que physiquement stockées dans les cartes Ethernet, il reste possible de modifier ces adresses dans les couches logicielles des protocoles de communication. Pour cette raison, l'adresse MAC n'est pas une preuve absolue de l'identité d'une machine.

le mot de passe circule en clair sur le réseau ou bien est stocké en clair dans la base de données. Le protocole 802.1X nous permettra de mettre en œuvre des solutions (EAP/PEAP ou EAP/TTLS) qui permettront de résoudre ces problèmes.

Comme les utilisateurs sont déjà confrontés à la nécessité de posséder de multiples mots de passe pour de multiples applications, il sera intéressant de réutiliser une base existante comme un domaine Windows ou une base LDAP.

* Authentification par certificat électronique X509

> **RAPPEL Les certificats**
>
> Un certificat électronique est une carte d'identité électronique délivrée par une autorité de certification et conforme à la norme X509. Il contient :
> * les informations d'identité du propriétaire ;
> * une clé publique ;
> * une empreinte calculée par une technique dite **de hachage** et chiffrée avec la clé privée de l'autorité de certification. Elle est utilisée pour prouver la validité du certificat.
>
> Ces trois données sont complètement publiques. En revanche, le propriétaire du certificat possède également une clé privée associée qu'il doit garder secrète.
> Le chiffrement avec ces clés est dit **asymétrique**.
> * Tout ce qui est chiffré avec une clé publique ne peut être déchiffré qu'avec la clé privée associée.
> * Tout ce qui est chiffré avec une clé privée ne peut être déchiffré qu'avec la clé publique associée.
>
> Un certificat peut être utilisé pour signer des documents de manière électronique (courrier), pour s'authentifier auprès d'un service ou pour chiffrer des communications.
> Il existe plusieurs formats de fichiers pour stocker un certificat. Citons ceux qui seront utilisés dans les chapitres suivants :
> * PKCS12 (*Public Key Cryptographic Standards*) qui permet de stocker à la fois le certificat et sa clé privée. Ce fichier est protégé par un mot de passe qu'il faut fournir pour pouvoir l'ouvrir.
> * PEM (*Privacy Enhanced Mail*) qui permet de stocker soit des certificats, soit des clés publiques, soit des clés privées. La protection des clés privées est optionnelle. Lorsqu'elles ne sont pas protégées, les clés privées doivent être placées en lieu sûr.

Ce type d'authentification consiste à faire présenter par le client un certificat électronique dont la validité pourra être vérifiée par le serveur.

Il peut s'agir d'un certificat appartenant à un utilisateur. Dans ce cas on parlera **d'authentification par utilisateur**. Mais il peut également s'agir d'un certificat machine qui sera alors lié à la machine.

L'usage des certificats implique l'existence d'une IGC (Infrastructure de gestion de clés, ou PKI en anglais, pour *Public Key Infrastructure*). Nous verrons au chapitre 7 les caractéristiques de ces certificats.

4

Principes des protocoles Radius et 802.1X

Dans ce chapitre, nous allons présenter le rôle des différents acteurs (poste de travail, équipement réseau, serveur) et examiner quelles relations s'établissent entre eux et par quels mécanismes dans deux types de cas :

- Avec une authentification grâce à l'adresse MAC du poste de travail (Radius-MAC).
- Avec les protocoles IEEE 802.1X et EAP (de l'anglais *Extensible Authentication Protocol*) qui permettront de pousser plus loin les possibilités et la sécurité des méthodes d'authentification.

Principe de l'authentification Radius-MAC

L'authentification par adresse MAC, appelée Radius-MAC (ou MAC-based), est la plus simple à mettre en œuvre parmi les solutions que nous allons étudier. En revanche, c'est la moins sûre.

La figure 4-1 représente un réseau sur lequel est connecté un serveur Radius et un poste de travail par l'intermédiaire d'un commutateur. Les étapes du protocole sont :

1 Le poste de travail se branche sur un des ports du commutateur.

2 Le commutateur détecte cette connexion et envoie une requête d'authentification (*Access-Request*) au serveur Radius. Dans cette requête, l'adresse MAC du poste de travail fait office d'identifiant.

3 Le serveur reçoit ce paquet et utilise l'adresse MAC comme point d'entrée dans sa base de données d'où il récupère, si l'adresse MAC est connue, le VLAN auquel sera connecté ce poste de travail.

4 Le serveur envoie sa réponse au commutateur. Si elle est négative (*Access-Reject*), le port du commutateur reste fermé et le poste n'est pas connecté au réseau. Si la réponse est positive (*Access-Accept*), elle contient le numéro de VLAN autorisé. Le commutateur ouvre alors le port sur ce VLAN et le poste peut commencer à travailler.

Donc, dans ce type d'authentification, il n'y a pas de communication entre le poste de travail et le serveur Radius. Tous les échanges interviennent entre le commutateur et le serveur.

Dans le cas des réseaux sans fil, le schéma est exactement le même. Certes, il n'y a pas de port physique, mais l'opération d'association est équivalente au « branchement » d'un poste sur la borne. Celle-ci crée alors un port virtuel et tout se passe ensuite comme en filaire. Le serveur dialogue avec la borne exactement comme avec un commutateur.

Il faut également noter que le poste de travail n'a besoin d'aucune configuration particulière. Des équipements peu intelligents (comme une imprimante) peuvent être ainsi authentifiés.

Figure 4–1
Principe de l'authentification
Radius-MAC

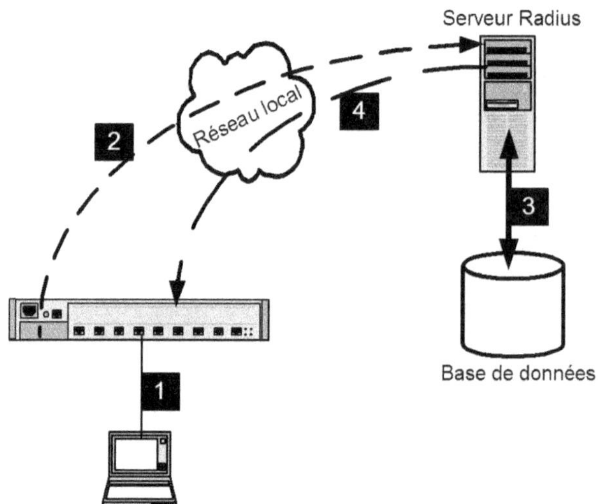

Principe de l'authentification 802.1X (EAP)

Si le schéma général de l'authentification 802.1X ressemble à celui de Radius-MAC, les deux méthodes sont, en réalité, très différentes. L'authentification 802.1X est plus compliquée et délicate à mettre en œuvre.

Tout d'abord, la différence la plus importante est que, cette fois, un logiciel particulier sera indispensable sur le poste de travail. Ce logiciel est appelé **supplicant**. Suivant le schéma de la figure 4-2, c'est lui qui va envoyer (1) vers le serveur Radius les éléments d'authentification (certificat, identifiant, mot de passe…). Cependant, il ne communique pas directement avec le serveur et d'ailleurs, il ne le connaît pas. C'est le commutateur qui va servir d'intermédiaire (2), car il connaît l'adresse du serveur.

Figure 4–2
Principes de l'authentification
802.1X

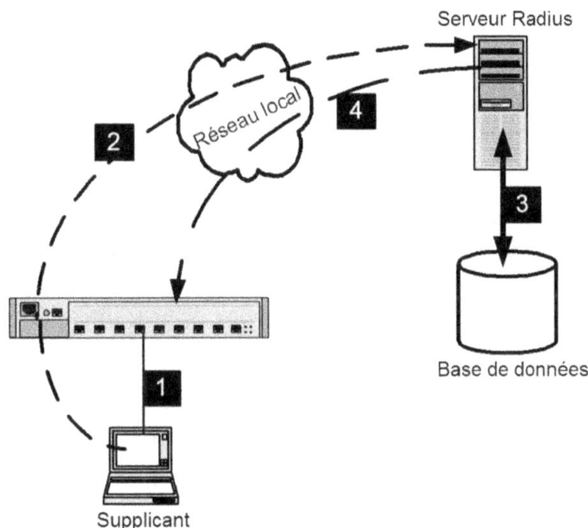

Pour interroger sa base de données (3), le serveur Radius a besoin d'un identifiant qu'il utilise comme point d'entrée. Bien sûr, dans ce cas, il ne s'agira pas de l'adresse MAC. L'identifiant sera configuré et envoyé par le supplicant.

Comme précédemment, le serveur accepte ou refuse l'authentification et renvoie sa réponse au commutateur (4). Et celui-ci ouvre le port sur le VLAN commandé par le serveur. Mais l'opération est complètement différente du cas précédent.

Avec Radius-MAC, l'authentification est réalisée sans aucune communication entre le poste de travail et le serveur. En 802.1X, dans la mesure où c'est le supplicant qui envoie les éléments d'authentification, il y a bien une communication. Or, comment peut-il y avoir une communication, et donc un trafic réseau, puisque le port du commutateur n'est pas ouvert et qu'il ne le sera que lorsque le poste aura été authentifié ?

C'est justement là que tient tout le protocole 802.1X. Les ports du commutateur seront configurés d'une façon particulière. Avant d'être complètement ouverts, ils ne laisseront passer qu'un seul type de protocole : EAP. D'ailleurs, l'autre nom de 802.1X est « *Port-Based Network Access Control* » qui, traduit littéralement, signifie « Accès au réseau basé sur le contrôle de port ».

Tout se passe comme si chaque port était coupé en deux. Une moitié est appelée **port contrôlé** et, au départ, elle est maintenue fermée par le commutateur. L'autre moitié est appelée **port non contrôlé**. Par cette voie, le commutateur n'accepte que le protocole EAP.

Comme l'indique la figure 4-3, le supplicant du poste de travail envoie (1) ses informations vers le commutateur dans des paquets EAP. Celui-ci les reçoit par le port non contrôlé et les retransmet (2) encapsulés dans des paquets Radius vers le serveur.

Après interrogation de sa base et, éventuellement après plusieurs échanges avec le commutateur, le serveur lui renvoie (3) l'ordre d'ouvrir complètement le port et sur un VLAN donné. C'est ce que fait le commutateur (4) : le poste peut alors utiliser pleinement le réseau.

Il faut bien noter que les communications entre le poste de travail et le commutateur ne sont pas des communications IP, mais Ethernet de bas niveau. Le commutateur sert alors d'intermédiaire entre les deux parties et encapsule les paquets EAP venant du supplicant dans les paquets du protocole Radius. Et c'est avec ce protocole qu'il communique avec le serveur, cette fois en utilisant la couche UDP.

Entre le poste de travail et l'équipement réseau, le protocole est appelé **EAP over LAN (EAPOL)** pour les réseaux filaires ou **EAP over WAN (EAPOW)** pour les réseaux sans fil. Entre le commutateur et le serveur Radius, il est appelé **EAP over Radius.**

802.1X est la norme qui définit le fonctionnement « port contrôlé/port non contrôlé ». EAP est quant à lui le protocole dédié au port non contrôlé.

EAP n'est pas un protocole d'authentification mais un protocole de transport de protocoles d'authentification. Il définit des mécanismes d'échanges entre équipements, mais pas les principes mêmes de l'authentification. Ceux-ci constitueront la charge utile des paquets EAP.

L'intérêt de ce mécanisme est de rendre indépendants le transport et la méthode d'authentification. L'apparition d'un nouveau protocole d'authentification ne remettra en cause ni la couche transport ni même l'équipement réseau puisque ce dernier ne connaît même pas la signification de ce qu'il transporte. Il n'a besoin de connaître que le protocole Radius.

Figure 4–3
Principe des ports contrôlés
et non contrôlés

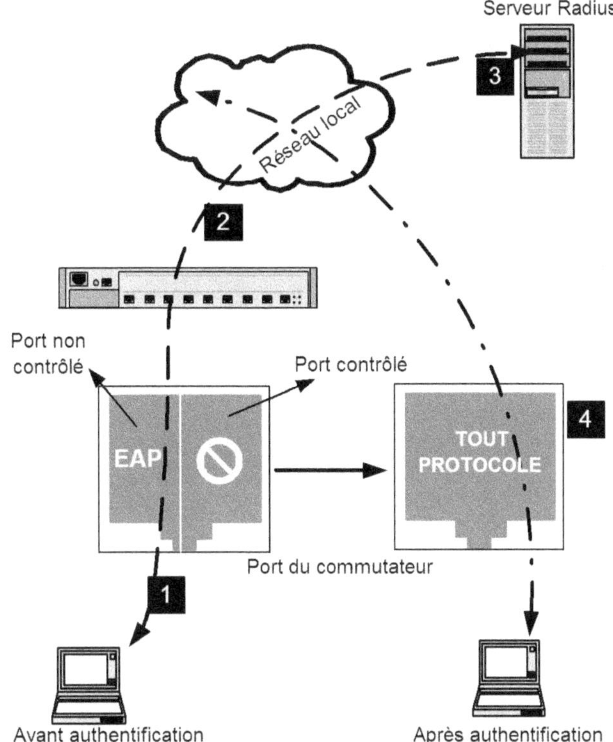

En fait, seuls le supplicant et le serveur ont connaissance du protocole d'authentification transporté. Chacun d'eux doit donc être compatible avec celui qu'on désire utiliser. Dans la suite de l'ouvrage nous nous intéresserons à deux types de protocoles qui seront détaillés au chapitre 6.

Nous examinerons, d'une part, un protocole à base d'authentification par certificats électroniques : TLS (*Transport Layer Security*) successeur de SSL (*Secure Socket Layer*), qui n'est autre que le protocole de sécurisation des échanges sur le Web, celui qui est mis en œuvre quand on utilise le mot-clé https dans une URL. Dans notre cas, nous parlerons de EAP/TLS pour bien préciser que le protocole TLS s'utilise dans l'environnement EAP.

EAP/TLS est une méthode d'authentification mutuelle, par certificat, du serveur et du client. Le serveur demandera le certificat du client pour l'authentifier et, de son côté, le client recevra le certificat du serveur et pourra ainsi valider qu'il parle bien au serveur d'authentification de son réseau. Cette dernière notion est importante, non seulement pour interdire l'usurpation d'identité de machine, mais aussi dans le cas où plusieurs réseaux Wi-Fi se superposent. Cela permet d'éviter qu'un poste tente de s'authentifier sur un réseau qui n'est pas le sien.

D'autre part, nous étudierons deux protocoles à base d'authentification par identifiant/mot de passe : PEAP (*Protected Extensible Authentication Protocol*) et TTLS (*Tunneled Transport Layer Security*) qui ont pour but de sécuriser des protocoles d'échange de mots de passe. Nous parlerons donc d'EAP/PEAP et EAP/TTLS.

Le « Protected » et le « Tunneled » de PEAP et TTLS expriment en fait que les échanges de mot de passe seront protégés dans un tunnel chiffré. Et ce tunnel sera établi grâce à TLS.

5

Description
du protocole Radius

Nous avons décrit jusqu'à présent les mécanismes généraux qui sont mis en œuvre dans toute la séquence qui conduit à l'authentification. Nous allons maintenant rentrer dans le détail des protocoles qui ont été évoqués précédemment. La connaissance de certains de ces détails permettra de mieux comprendre la raison d'être des paramètres que nous utiliserons dans les fichiers de configuration. Le premier de ces protocoles est bien sûr Radius lui-même, c'est-à-dire le protocole tel qu'il fut défini à l'origine, avant de s'étendre pour intégrer la compatibilité avec les VLAN et EAP.

Origines

Radius avait tout d'abord pour objet de répondre aux problèmes d'authentification pour des accès distants, par liaison téléphonique, vers les réseaux des fournisseurs d'accès ou des entreprises. C'est de là qu'il tient son nom qui signifie *Remote Access Dial In User Service*. Au fil du temps, il a été enrichi et on peut envisager aujourd'hui de l'utiliser pour authentifier les postes de travail sur les réseaux locaux, qu'ils soient filaires ou sans fil.

RFC **Protocole Radius**

Le protocole Radius est décrit dans la RFC 2865 de l'IETF.

Radius est un protocole qui répond au modèle AAA. Ces initiales résument les trois fonctions du protocole :

- A = Authentication : authentifier l'identité du client ;
- A = Authorization : accorder des droits au client ;
- A = Accounting : enregistrer les données de comptabilité de l'usage du réseau par le client.

Le protocole établit une couche applicative au-dessus de la couche de transport UDP. Les ports utilisés seront :

- 1812 pour recevoir les requêtes d'authentification et d'autorisation ;
- 1813 pour recevoir les requêtes de comptabilité.

> HISTORIQUE **Ports obsolètes**
>
> À l'origine, les ports utilisés étaient 1645 et 1646. Comme ces ports étaient en conflit avec d'autres services IP, ils ont ensuite été remplacés par 1812 et 1813. On peut encore trouver des implémentations de serveurs Radius ou d'équipements réseau qui proposent toujours les anciens ports comme configuration par défaut.

Le protocole est basé sur des échanges requêtes/réponses avec les clients Radius, c'est-à-dire les NAS. Il n'y a jamais de communication directe entre le poste de travail et le serveur.

Format général des paquets

Radius utilise quatre types de paquets pour assurer les transactions d'authentification. Il existe aussi trois autres types de paquets (*Accounting-Request*, *Accounting-Response*, *Accounting-Status*) pour la comptabilité que nous n'étudierons pas ici.

Tous les paquets ont le format général indiqué par la figure 5-1 :

Figure 5–1
Format des paquets Radius

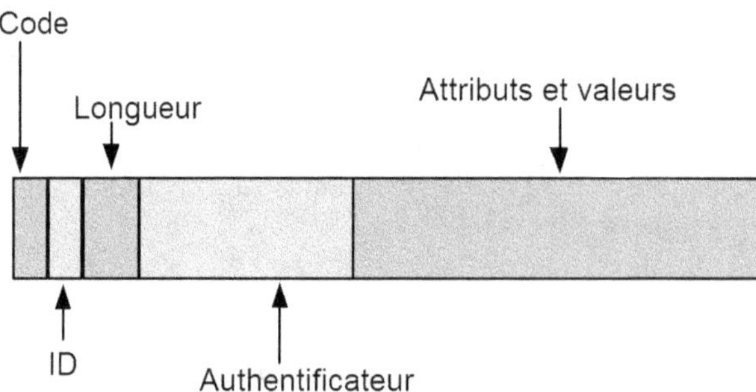

Code

Ce champ d'un seul octet contient une valeur qui identifie le type du paquet. La RFC 3575 (*IANA considerations for Radius*) définit 255 types de paquets. Par chance, quatre d'entre eux seront suffisants pour les problèmes qui nous préoccupent ici. Il s'agit de :

- *Access-Request* (code=1) ;
- *Access-Accept* (code=2) ;
- *Access-Reject* (code=3) ;
- *Access-Challenge* (code=11).

ID

Ce champ, d'un seul octet, contient une valeur permettant au client Radius d'associer les requêtes et les réponses.

Longueur

Champ de seize octets contenant la longueur totale du paquet.

Authentificateur

Ce champ de seize octets a pour but de vérifier l'intégrité des paquets.

On distingue l'authentificateur de requête et l'authentificateur de réponse. Le premier est inclus dans les paquets de type Access-Request ou Accounting-Request envoyés par les NAS. Sa valeur est calculée de façon aléatoire.

L'authentificateur de réponse est présent dans les paquets de réponse de type Access-Accept, Access-Challenge ou Access-Reject. Sa valeur est calculée par le serveur à partir d'une formule de hachage MD5 sur une chaîne de caractères composée de la concaténation des champs code, ID, longueur, authentificateur de requête et attributs ainsi que d'un secret partagé. Il s'agit d'un mot de passe connu à la fois par le serveur et le NAS. Ce dernier peut alors exécuter le même calcul que le serveur sur cette chaîne pour s'assurer qu'il obtient bien la valeur de l'authentificateur de réponse. Si c'est bien le cas, il peut considérer que la réponse lui vient bien du serveur auquel il a soumis la requête et qu'elle n'a pas été modifiée pendant la transmission.

DÉFINITION **Hachage MD5**

La technique du hachage consiste à convertir une suite d'octets (un mot de passe par exemple) en une empreinte réputée unique. Elle peut servir pour valider l'intégrité d'un fichier (somme de contrôle) ou bien pour que deux parties (un serveur et un client) puissent se prouver mutuellement la possession d'un secret partagé sans que celui-ci ne circule sur le réseau. L'algorithme MD5 (*Message Digest*) n'est plus considéré comme sûr car il existe des cas où l'empreinte obtenue est identique pour des chaînes de départ différentes. SHA-1 (*Secure Hash Algorithm*) est un autre algorithme, plus sûr, utilisé pour le calcul des empreintes des certificats.

Attributs et valeurs

Ce champ du paquet est de longueur variable et contient la charge utile du protocole, c'est-à-dire les attributs et leur valeur qui seront envoyés soit par le NAS en requête, soit par le serveur en réponse.

Les attributs

Les attributs constituent le principe le plus important du protocole Radius, aussi bien dans sa version initiale que pour ses extensions que nous verrons par la suite (cf. chapitre 6). Les champs attributs sont le fondement du protocole. Par conséquent, la bonne compréhension de leur signification et de leur rôle est indispensable pour tirer le meilleur parti de Radius.

Chaque attribut possède un numéro d'attribut, auquel est associé un nom.

La valeur d'un attribut peut correspondre à l'un des types suivants :
- adresse IP (4 octets) ;
- date (4 octets) ;
- chaîne de caractères (jusqu'à 255 octets) ;
- entier (4 octets) ;
- valeur binaire (1 bit) ;
- valeur parmi une liste de valeurs (4 octets).

Dans la terminologie Radius, ces attributs et leur valeur sont appelés **Attributes Value-Pair** (AVP).

Le champ Attributs et valeurs peut contenir plusieurs couples attribut-valeur suivant le format de la figure 5-2 :

Figure 5–2
Format du champ Attributs et valeurs (AVP)

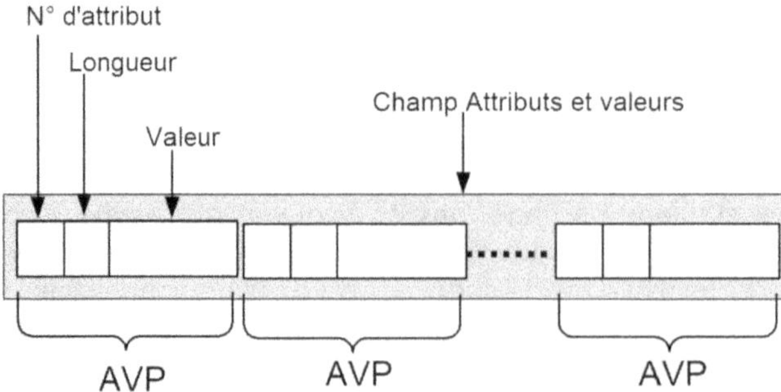

Le nom de l'attribut n'est jamais présent dans les paquets. Seul son numéro apparaît. La correspondance entre un numéro d'attribut et son nom sera faite grâce à un dictionnaire.

Il existe un grand nombre d'attributs dans le protocole Radius, mais peu d'entre eux sont utiles dans le cas qui nous préoccupe ici, c'est-à-dire pour l'authentification sur réseau local.

Par exemple, il existe un attribut `Callback-Number`. Sa valeur est un numéro de téléphone à rappeler ! Il est utilisable dans le cas d'une connexion par modem. L'utilisateur appelle son fournisseur, il est authentifié par le serveur qui demande à l'équipement réseau (un concentrateur de modem) de couper la communication et de rappeller automatiquement le client sur le numéro stocké dans l'attribut `Callback-Number`. Ainsi, c'est le fournisseur d'accès qui paye la communication. Évidemment, dans le cas d'une authentification sur un réseau local en IP, cela n'a pas de sens.

La liste complète des attributs peut être trouvée à l'adresse http://www.freeradius.org/rfc/attributes.html. Parmi eux, les plus intéressants sont :

`User-Name`

Cet attribut est envoyé par le NAS et contient l'identifiant qui va servir de point d'entrée dans la base du serveur d'authentification. Dans le cas d'une authentification Radius-MAC, `User-Name` a pour valeur l'adresse MAC du poste de travail qui se connecte au réseau.

`User-Password`

Il s'agit du mot de passe associé à `User-Name`, transmis par le NAS. Le serveur d'authentification valide ce mot de passe en fonction de la valeur enregistrée dans sa base de données. Avec Radius-MAC, `User-Password` est toujours l'adresse MAC elle-même.

`Nas-IP-Address`

Il s'agit de l'adresse IP du NAS qui communique avec le serveur. Cet attribut est transmis par le NAS lui-même. Son utilisation permettra d'authentifier un poste de travail à la condition qu'il soit connecté sur un NAS qui possède cette adresse IP.

`Nas-port`

Il s'agit du numéro de port du NAS sur lequel est connecté le poste de travail. Cet attribut est transmis par le NAS. Son utilisation permettra d'authentifier un poste de travail à la condition qu'il soit connecté sur ce numéro de port. Dans le cas d'un commutateur, il s'agit du port physique sur lequel est connecté le poste de travail. Dans le cas du Wi-Fi, `Nas-Port` n'a pas de sens puisque le port est virtuel et généré par la borne pendant la phase d'association du poste de travail à cette dernière

`Called-Station-Id`

Il s'agit de l'adresse MAC du NAS. Cet attribut est transmis par le NAS et permet d'authentifier un poste en fonction de l'équipement sur lequel il est connecté. Par exemple, il sera possible d'authentifier un poste uniquement s'il se connecte par l'intermédiaire de la borne Wi-Fi spécifiée.

```
Calling-Station-Id
```

Il s'agit de l'adresse MAC du poste de travail qui se connecte au réseau. Cet attribut sera l'un des plus utiles. Il permettra d'authentifier un poste par une des méthodes (Radius-MAC ou bien EAP) et, en plus, de vérifier (et même d'imposer) que cette authentification s'effectue depuis un poste qui a pour adresse MAC la valeur de cet attribut.

Les attributs « vendor »

Comme nous venons de le voir, il existe une multitude d'attributs définis par le standard Radius. Ces attributs sont renseignés soit par un commutateur ou une borne sans fil, soit par le serveur d'authentification lorsqu'il répond aux requêtes. Un bon équipement NAS doit au moins disposer des fonctions standards. Néanmoins, certains constructeurs ont développé des matériels capables de fonctionnalités supplémentaires qui ne sont pas comprises dans le standard Radius.

Afin de permettre aux administrateurs réseau d'utiliser pleinement les capacités de leur matériel, Radius propose un attribut spécial appelé **Vendor Specific Attribute** (VSA). Il s'agit d'un attribut, dont le code est 26, et qui est un AVP particulier dans lequel on encapsule des attributs spécifiques au constructeur de matériel.

La valeur de cet AVP est un attribut. Son format est calqué sur celui des AVP (N° d'attribut + longueur + valeur) auquel on ajoute le code international du constructeur.

Figure 5–3
Format des attributs « vendor »

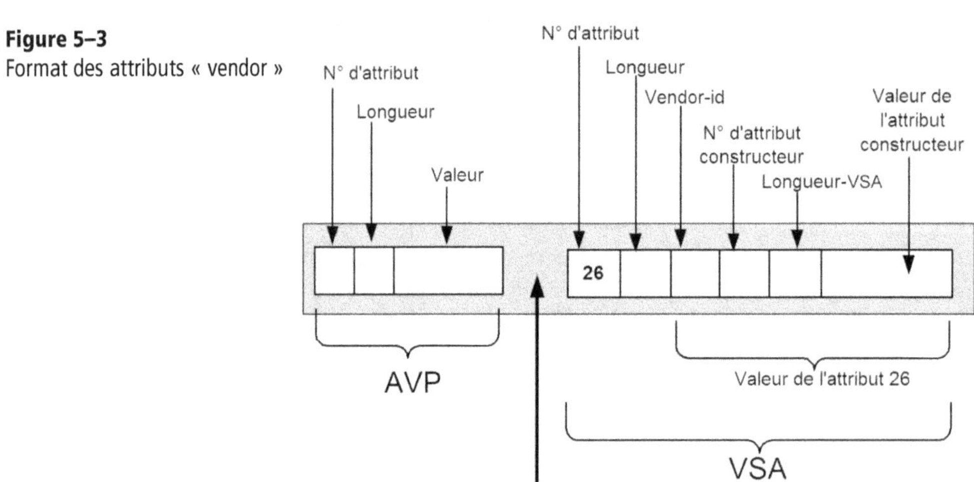

Le format d'un attribut VSA est décomposé ainsi :

N° d'attribut : il s'agit toujours de 26 pour indiquer qu'il s'agit d'un VSA.

Longueur : la longueur totale de l'attribut.

Vendor-id : le code international du constructeur tel que défini dans la RFC 1700 (*Assigned Numbers*).

N° d'attribut constructeur : il s'agit d'un numéro d'attribut défini par le constructeur.

Longueur-VSA : c'est la longeur de la valeur du champ VSA.

Valeur de l'attribut spécifique : c'est la valeur de l'attribut. Bien entendu, le sens de cette valeur n'est compréhensible que par le matériel du constructeur.

Comme pour les attributs standards, il devra exister un dictionnaire par constructeur.

> PRÉCAUTION **Les attributs VSA**
>
> L'usage des attributs VSA implique une dépendance vis-à-vis d'un constructeur. Il peut donc devenir difficile d'en changer pour un autre dans le cas où les mêmes fonctionnalités ne seraient pas disponibles.

Dictionnaires d'attributs

Le dictionnaire d'attributs est une simple table qui permet de faire la correspondance entre leur numéro et leur nom respectif.

Cette table contient trois champs par attribut :
- le numéro d'attribut ;
- son nom ;
- son type.

Il existe au moins un dictionnaire des attributs standards et éventuellement des dictionnaires par constructeur. Une bonne implémentation Radius se doit de fournir un maximum de dictionnaires constructeurs.

Les différents types de paquets

L'authentification Radius se déroule suivant un dialogue entre le NAS et le serveur, qui met en jeu quatre types d'échanges. Chacun est véhiculé au moyen d'un paquet spécifique :

Access-Request

La conversation commence toujours par un paquet Access-Request émis par le NAS vers le serveur. Il contient au moins l'attribut `User-Name` et une liste d'autres attributs tels que `Calling-Station-Id`, `Nas-Identifier`, etc.

Access-Accept

Ce paquet est renvoyé au NAS par le serveur Radius si l'authentification transmise par l'Access-Request a été correctement validée. Ce paquet contient alors des attributs qui spécifient au NAS les autorisations accordées par le serveur.

Access-Reject

Envoyé par le serveur Radius au NAS si l'authentification a échoué.

Access-Challenge

Après réception d'un paquet Access-Request, le serveur peut renvoyer un paquet Access-Challenge qui a pour but de demander d'autres informations et de provoquer l'émission d'un nouveau paquet Access-Request par le NAS.

Access-Challenge sera toujours utilisé avec EAP puisqu'il permettra au serveur de demander un certificat ou un mot de passe au poste de travail.

6

Les extensions du protocole Radius

Le protocole Radius d'origine a été étendu afin de le rendre compatible, d'une part avec l'utilisation des réseaux virtuels et, d'autre part, avec les protocoles 802.1X et EAP. Ces apports font de Radius un protocole désormais capable de réaliser des authentifications sur des réseaux locaux. Nous verrons dans ce chapitre comment les réseaux virtuels sont mis en jeu. Nous détaillerons comment EAP est architecturé, comment il transporte les protocoles d'authentification et comment Radius transporte EAP. Nous parcourrons tous les mécanismes mis en œuvre depuis le branchement (ou l'association) d'un poste de travail sur le réseau, jusqu'au moment de son authentification. Nous verrons également, pour les réseaux sans fil, comment est amorcé le chiffrement des communications de données.

Les réseaux virtuels (VLAN)

Dans Radius, la compatibilité avec la technologie des VLAN est en fait réalisée au travers du support des tunnels (RFC 2868). Cette RFC spécifie comment il est possible d'établir des tunnels de différents types entre un client et un serveur Radius. Elle définit douze types de tunnels et introduit un certain nombre de nouveaux attributs. Cependant, cette RFC ne mentionne pas directement les VLAN.

Cette notion apparaît dans la RFC 3580 qui décrit les spécifications d'usage de 802.1X avec Radius. C'est ici qu'est introduit un treizième type de tunnel : le VLAN. La définition de ce type particulier de tunnel s'opère grâce à trois attributs, déjà définis par la RFC 2868, et auquel un treizième type (VLAN) a été ajouté. Ces attributs sont :

- **Tunnel-Type** : la valeur est VLAN ou 13 ;
- **Tunnel-Medium-Type** : la valeur est 802 pour indiquer qu'il s'applique à un réseau de type IEEE 802 (Ethernet, Token Ring, Wi-Fi) ;
- **Tunnel-Private-Group-Id** : la valeur est le numéro de VLAN qui doit être affecté au port sur lequel est connecté le poste de travail.

Ils ne sont pas spécifiquement liés à l'utilisation de 802.1X et sont pleinement utilisables pour l'authentification Radius-MAC.

Jusqu'ici, nous avons vu des attributs liés au processus d'authentification (User-Name, Calling-Station-Id) et émis par les NAS dans les paquets Access-Request, alors que les attributs de type Tunnel sont liés aux autorisations qui seront délivrées par le serveur. Ils seront émis dans les paquets Access-Challenge ou Access-Accept.

> RFC **Extensions Radius**
>
> Les extensions du protocole Radius sont décrites dans les RFC 2869, 3679 et 2868.

Le support de IEEE 802.1X et EAP

Résumons ce que nous avons vu au chapitre 5 :

- Le protocole 802.1X implique une communication indirecte entre le poste de travail et le serveur Radius.
- Cette communication s'établit d'abord entre le poste de travail et le NAS en s'appuyant sur EAP, puis entre le NAS et le serveur Radius, par encapsulation, en s'appuyant sur le protocole Radius. On dit que le NAS est **transparent**.
- Le protocole EAP est utilisé pour transporter le protocole d'authentification qu'on veut utiliser (TLS, PEAP...).

Nous allons maintenant étudier la structure d'EAP et les différentes phases des échanges.

> NORMES **Protocole EAP**
>
> Plusieurs RFC traitent du protocole EAP. Citons notamment les RFC 4137, 3748 et 3580.

Les couches EAP

EAP est un protocole qui place trois couches au-dessus la couche liaison, IEEE 802. C'est là qu'intervient le code logiciel du supplicant. Lorsque l'authentification sera terminée, ces couches EAP resteront en place car elles seront utiles pour gérer, par exemple, les ré-authentifications ou encore la rotation des clés GTK qui sera vue au paragraphe « Spécificités Wi-Fi : la gestion des clés de chiffrement et WPA ».

Quatre types de paquets sont utilisés pour le protocole EAP :

- Request ;
- Response ;
- Success ;
- Failure.

Ces paquets traversent trois couches comme l'indique la figure 6-1.

Figure 6–1
Les couches EAP

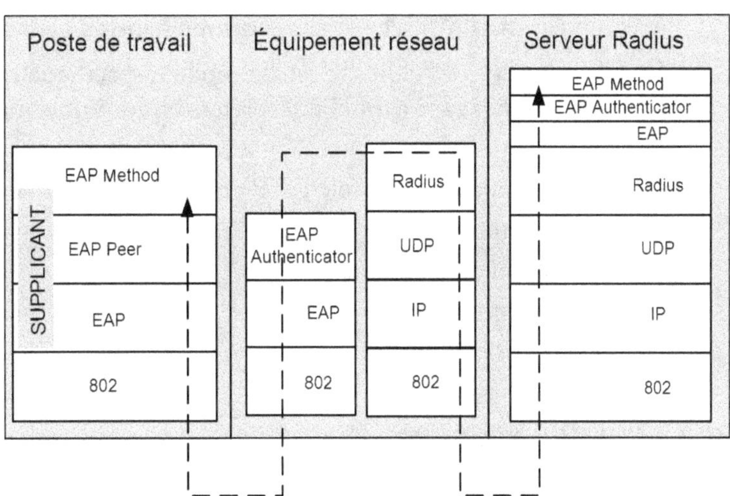

La couche EAP

Elle reçoit et envoie les paquets vers la couche basse (802) et transmet les paquets de type Request, Success et Failure à la couche EAP Peer. Les paquets Response sont transmis à la couche EAP Authenticator »

Les couches EAP Peer et EAP Authenticator

La couche EAP Peer est implémentée sur le poste de travail, tandis que la couche EAP Authenticator est implémentée sur le NAS et sur le serveur Radius.

Ces couches ont pour rôle d'interpréter le type de paquet Request ou Response et de les diriger vers la couche EAP Method correspondant au protocole d'authentification utilisé (par exemple, TLS).

La couche EAP Method

C'est dans cette couche que se tient le code logiciel du protocole d'authentification utilisé. Le NAS n'a pas besoin de cette couche puisqu'il agit de façon transparente (sauf si le serveur Radius est embarqué dans le NAS).

Le rôle du NAS est d'extraire le paquet EAP qui lui arrive du supplicant et de le faire passer dans la couche Radius (et vice versa). Pour cela, il doit encapsuler, c'est-à-dire écrire, le paquet EAP dans un attribut particulier de Radius qui a été ajouté au modèle d'origine pour cette fonction. Il s'agit de l'attribut `EAP-Message` (numéro 79).

Un autre attribut, `Message-Authenticator` (numéro 80), a été ajouté. Cependant, nous ne nous appesantirons pas plus sur cet attribut qui possède, à peu près, la même fonction que le champ authenticator vu au chapitre 5, à savoir assurer l'intégrité des paquets EAP. Cet attribut sera présent dans tous les paquets échangés entre le NAS et le serveur mais n'influe pas sur la compréhension globale du protocole.

Du côté du serveur Radius, c'est un module spécifique qui décapsulera la valeur de l'attribut `EAP-Message` et qui l'interprétera en suivant le modèle de couches d'EAP vu plus haut.

On peut découper le protocole EAP en quatre étapes que nous baptiserons :

- Identité externe.
- Négociation de protocole.
- Protocole transporté.
- Gestion des clés de chiffrement.

Étape « Identité externe »

Cette étape intervient entre le poste de travail, ou plus précisément le supplicant, et le NAS (figure 6-2).

1 Le supplicant et le NAS négocient l'usage d'EAP.

2 Le NAS envoie un paquet EAP de type `EAP-Request/Identity`, c'est-à-dire qu'il demande au supplicant son identité. On l'appellera **identité externe**. La motivation du terme « externe » sera expliquée ultérieurement, mais ce dernier est très important pour comprendre certains aspects touchant à la sécurité.

3 Le supplicant répond par un `EAP-Response/Identity`, c'est-à-dire l'identité qui lui est demandée. Cette identité est fournie par le supplicant qui a été configuré par le propriétaire de la machine. Elle n'est donc pas liée intrinsèquement à cette machine, mais à un choix complètement indépendant d'un quelconque aspect

physique. C'est elle qui va servir plus loin de clé de recherche dans la base de données du serveur.

4 Le NAS fabrique un paquet Access-Request dans lequel il écrit un en-tête (code + identifiant + longueur + authentificateur vu au chapitre 5) puis un champ attributs et valeurs. À l'intérieur de celui-ci, il écrit l'attribut `EAP-Message` dans lequel il encapsule le paquet EAP venant du supplicant. Il écrira également un attribut `User-Name` dans lequel il copiera l'identité (celle envoyée dans l'`EAP-Response/identity`). Le serveur Radius utilisera le contenu de `User-Name` comme point d'entrée dans sa base de données.

5 Le NAS envoie le paquet Access-Request au serveur.

Le NAS écrit d'autres attributs dans l'Access-Request, parmi lesquels `Calling-Station-Id` qui permettra au serveur Radius de disposer de l'adresse MAC du poste de travail en plus de l'authentification envoyée par le supplicant.

Figure 6–2
Étape « identité externe »
d'EAP

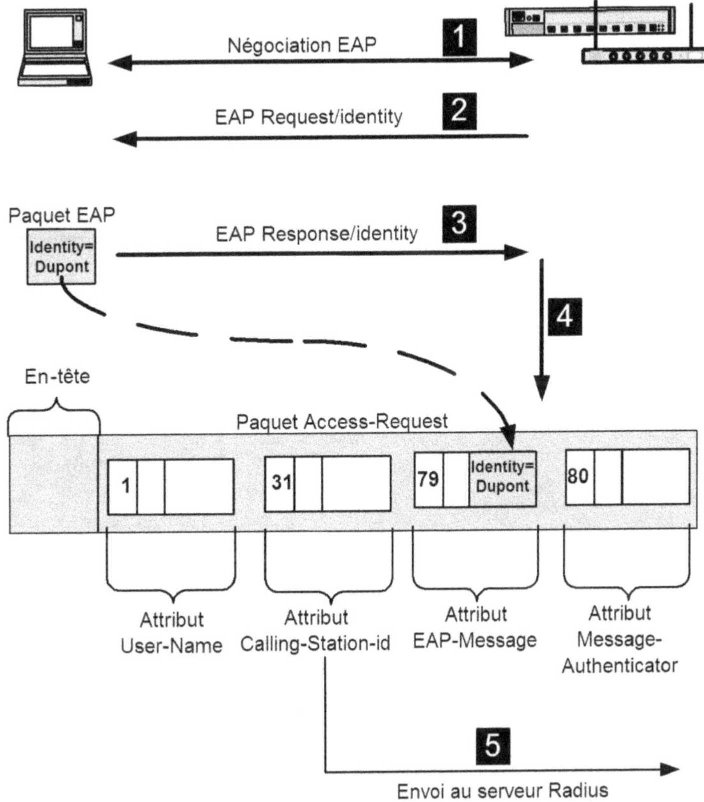

Étape « Négociation de protocole »

Cette étape correspond à la réception du paquet Access-Request par le serveur et à sa réponse vers le supplicant afin de proposer une méthode d'authentification (figure 6-3).

1 Le serveur reçoit le paquet Access-Request.

2 Il construit un paquet Access-Challenge dans lequel il écrit un attribut `EAP-Message` formé d'un paquet `EAP-Request` qui contient une proposition de protocole d'authentification. Par exemple, il propose PEAP.

3 Le NAS décapsule le paquet EAP contenu dans `EAP-Message` et le transfère sur la couche EAP vers le supplicant. Celui-ci répond par un paquet `EAP-Response`. S'il connaît le protocole proposé et qu'il est configuré, il l'acceptera. Dans le cas contraire, il proposera un protocole pour lequel il est configuré, par exemple TLS.

4 La réponse du supplicant est encapsulée, comme dans la première phase, dans un nouveau paquet Access-Request. Si le serveur accepte ce protocole alors on passe à la troisième phase, c'est-à-dire l'exécution du protocole d'authentification. Dans le cas contraire, il envoie un Access-Reject au NAS.

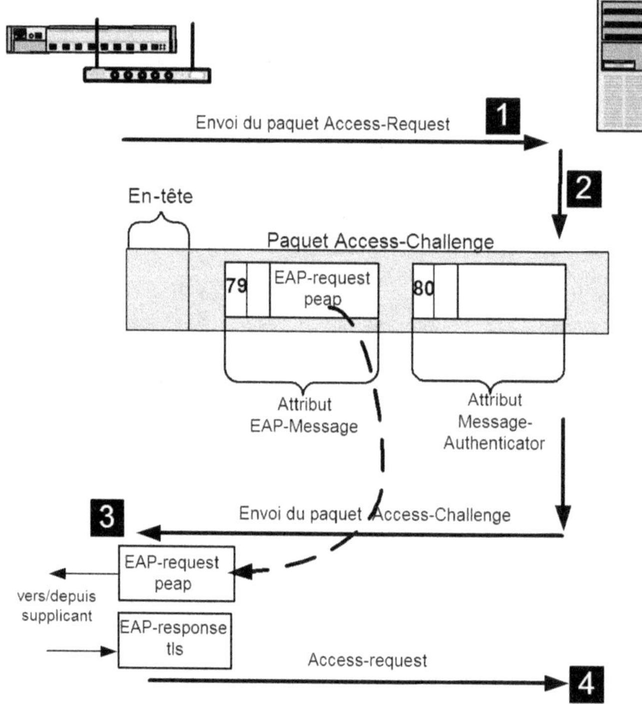

Figure 6–3
Étape « Négociation de protocole » d'EAP

Étape « Protocole transporté »

Cette étape correspond à l'exécution du protocole d'authentification transporté. Le principe est le même que pour les deux premières étapes, c'est-à-dire un échange de paquets Radius Access-Request/Access-Challenge encapsulant des paquets EAP-Request ou EAP-Response. La quantité et le contenu de ces échanges dépend du protocole (cf. paragraphes « Le protocole EAP/TLS », « Le protocole PEAP » et « Le protocole EAP/TTLS »).

Étape « Gestion des clés de chiffrement »

Cette étape n'a de sens que dans le cas du Wi-Fi. Elle permet la gestion dynamique des clés de chiffrement. Nous l'étudierons au paragraphe « Spécificités Wi-Fi : la gestion des clés de chiffrement et WPA »

Le protocole EAP/TLS

TLS dispose de trois fonctions : l'authentification du serveur, l'authentification du client et le chiffrement.

Le chiffrement dont il est question ici a pour but de créer un tunnel protégé dans lequel passeront les données sensibles une fois que l'authentification sera faite. Il s'agit du même principe mis en œuvre lorsqu'on utilise une URL du type https:// dans un navigateur Internet.

Dans notre cas, ce tunnel aura une fonction légèrement différente. Il s'agit de protéger l'authentification elle-même lorsque cela est nécessaire. Par exemple, avec les protocoles PEAP et TTLS pour lesquels il faut protéger les échanges d'authentification du mot de passe.

Avec EAP/TLS, ce tunnel ne sera pas utilisé puisque l'authentification est déjà réalisée avec les certificats qui servent à créer le tunnel.

TLS est un protocole d'authentification mutuelle par certificat du client (le supplicant) et du serveur. Chacun doit donc posséder un certificat qu'il envoie à l'autre qui l'authentifie. Cela impose donc l'existence d'une IGC (Infrastructure de Gestion de Clés). Si elle n'existe pas, il est possible d'en créer une assez facilement. Nous verrons au chapitre 8 quelles caractéristiques doivent avoir les certificats et comment créer éventuellement sa propre autorité de certification.

NORMES **TLS**

Le protocole TLS est décrit dans les RFC 4346 et 4366.

Reprenons le modèle à quatre étapes que nous avons vu précédemment :

Étape « Identité externe » (figure 6-2)

Le supplicant doit envoyer son identité externe. Il faut bien remarquer qu'à ce stade, le protocole d'authentification n'a pas encore été négocié (phase « Négociation de protocole »). Cela signifie que l'identité envoyée n'a pas forcément un rapport direct avec le certificat qui va être utilisé ensuite. La seule contrainte est que cette identité doit être présente dans la base que le serveur interroge.

Étape « Négociation de protocole » (figures 6-3 et 6-4)

Le serveur et le supplicant négocient le protocole TLS. Cela correspond au point 1 de la figure 6-4.

Étape « Protocole transporté » (figure 6-4)

C'est ici que le protocole TLS intervient. Il est lui-même structuré en deux phases :

- La phase négociation ou *Handshake Protocol*, qui établit les paramètres de la session, négocie un algorithme de chiffrement, les clés de chiffrement et authentifie le serveur et le client. Chaque partie dispose alors d'une clé de chiffrement symétrique permettant de définir un tunnel, c'est-à-dire de chiffrer les données qui transitent du client vers le serveur et vice versa.
- La phase tunnel chiffré ou *Record Protocol*, dans laquelle est utilisé le tunnel mis en place précédemment pour échanger des données. Dans le cas de EAP/TLS ce tunnel n'est pas utilisé. En revanche, il le sera avec PEAP et TTLS pour protéger le protocole d'échange des mots de passe.

Les étapes d'authentification pour EAP/TLS sont les suivantes (figure 6-4) :

1 Le serveur envoie au supplicant une requête de démarrage de TLS au moyen d'un paquet EAP-Request contenant `EAP-Type=TLS` (TLS-start). C'est l'étape de négociation de protocole qui peut comprendre plusieurs échanges si la proposition initiale du serveur n'est pas TLS et que le client souhaite TLS.

2 Ici commence le protocole TLS proprement dit lorsque le supplicant répond (Client_Hello) avec la liste des algorithmes de chiffrement qu'il est capable d'utiliser. Il envoie également un nombre aléatoire (challenge).

3 Le serveur répond (Serveur_Hello) en transmettant l'algorithme qu'il a choisi parmi la liste qu'il a reçue, et un autre challenge. Il envoie son certificat et sa clé publique au supplicant (Certificate) et lui demande d'envoyer les siens (Certificate_Request).

4 Le supplicant authentifie le certificat du serveur. Puis il envoie son certificat avec sa clé publique (Client_Certificat). Il envoie aussi une clé primaire (Client_Key_Exchange) générée à partir des données échangées. Cette clé, appelée **Pré-Master Key**, est chiffrée avec la clé publique que vient de lui envoyer le

serveur. Il l'informe qu'il passe en mode chiffré avec cette clé (Change_Cipher_Spec). À partir de cette clé et des challenges envoyés précédemment, il calcule la clé principale de session, appelée **Master Key** (MK).

5 Le serveur authentifie le certificat envoyé par le supplicant. Il déchiffre la Pré-Master Key grâce à la clé privée de son propre certificat. Il est donc en mesure de calculer de son côté la même Master Key. Le serveur envoie au supplicant la notification de son changement de paramètre de chiffrement (Change_Cipher_Spec).

6 Le supplicant envoie une requête EAP-Response vide pour signifier que les opérations sont terminées de son côté.

7 Le serveur envoie au supplicant un paquet EAP-Success pour lui signifier que l'authentification est acceptée.

8 Un paquet Access-Accept est envoyé au NAS pour lui commander d'ouvrir le port.

En réalité TLS est terminé au point 5. La suite fait déjà partie de la l'étape EAP « Gestion des clés de chiffrement » que nous détaillerons au paragraphe « Spécificités Wi-Fi : la gestion des clés de chiffrement et WPA ».

Figure 6–4
Le protocole EAP/TLS

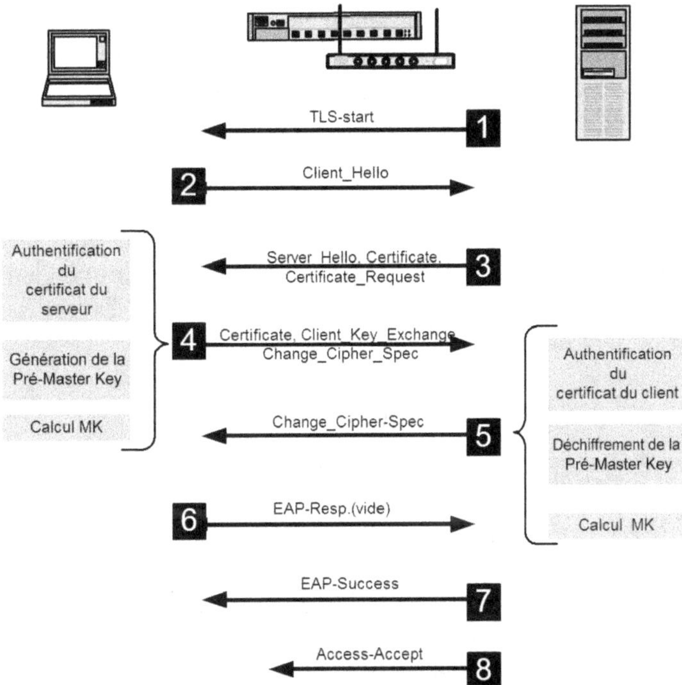

Précautions à prendre avec les identifiants

L'identité du propriétaire d'un certificat est contenue dans son champ Common Name (CN). On l'appellera l'**identité interne**. Elle n'a pas obligatoirement un rapport avec l'identité externe. Cela produit un effet pervers et, potentiellement, un problème de sécurité. Prenons un exemple résumé dans le tableau suivant :

Tableau 6–1 Premier exemple d'utilisation d'identités internes et externes

Machine	Identité externe	Identité interne (CN)	VLAN autorisé
PC1	Durand	Durand	2
PC2	Dupont	Dupont	3

Lorsque PC1 envoie comme identité externe « Durand » avec une identité interne valant également « Durand », il est authentifié et la machine placée sur le VLAN2.

De même, avec PC2 qui est placé sur le VLAN3 avec « Dupont » comme identité externe et interne.

Mais supposons que sur PC1, le supplicant soit configuré pour envoyer comme identité externe non plus Durand mais Dupont et en présentant le certificat de Durand. Le serveur trouve bien Dupont dans sa base et demande qu'on lui envoie un certificat. C'est donc le certificat de Durand qui lui est envoyé et comme il est valide, il est authentifié et la machine PC1 est placée sur le VLAN3, ce qui n'est pas du tout ce qui était souhaité. Ceci est un problème non négligeable puisque cela signifie que Durand a pu acquérir les droits de Dupont.

Nous verrons lorsque nous étudierons la mise en œuvre de FreeRadius qu'une option est proposée pour forcer le supplicant à présenter une identité externe égale à l'identité interne, en l'occurrence le CN du certificat. En cas de différence, l'authentification sera refusée.

Le protocole EAP/PEAP

PEAP est un protocole qui a été développé par Microsoft, Cisco et RSA security pour pallier le principal problème d'EAP/TLS, à savoir la nécessité de distribuer des certificats à tous les utilisateurs ou machines. Cela peut être une charge importante, voire ingérable pour certains sites.

Comme avec EAP/TLS, c'est une authentification mutuelle qui s'établit entre le supplicant et le serveur. Mais cette fois, elle est asymétrique. Le serveur sera authentifié par son certificat auprès du supplicant qui, lui-même, s'authentifiera auprès du serveur par la présentation d'un identifiant et d'un mot de passe.

Seul le serveur a besoin d'un certificat. Mais les clients doivent tout de même installer le certificat de l'autorité qui a émis le certificat du serveur. Cela permet de s'assurer que les mots de passe sont envoyés au bon serveur et non à un usurpateur.

Comme un mot de passe va être envoyé par le supplicant au serveur, il faudra bien que ce dernier le valide en fonction d'une base d'authentification qu'il pourra interroger. Le serveur Radius devra donc être paramétré de manière à pouvoir valider le mot de passe. En principe, si on décide d'utiliser PEAP, cela signifie que cette base existe déjà sur le site. En général, il s'agit d'une base Windows mais il est aussi possible d'utiliser une base LDAP.

> DÉFINITION **Identité interne et externe**
>
> L'identité externe se rapporte à l'identifiant qui est envoyé au tout début de la mise en place du protocole EAP, donc avant l'établissement du tunnel chiffré. L'identité interne fait quant à elle référence à l'identifiant qui est envoyé dans le tunnel et qui ne circule donc pas en clair. Plus généralement, nous appellerons **identité interne** celle qui est portée par le protocole transporté par EAP, ce qui permet d'adopter la même terminologie avec EAP/TLS puisque dans ce cas l'identité interne est le CN du certificat, et le tunnel n'est pas utilisé. Dans le cas d'un réseau Wi-Fi en particulier, il est important de noter que l'identité externe circule en clair et qu'elle peut donc éventuellement être récupérée par quelqu'un qui écouterait le trafic.

Une authentification PEAP se décompose suivant le modèle à quatre étapes d'EAP que nous avons vu précédemment (figure 6-5) :

1 Étape « Identité externe ».

2 Étape « Négociation de protocole ».

3 Étape « Protocole transporté ».

4 Étape « Clés de chiffrement ».

PEAP n'est autre que la mise en œuvre des deux phases du protocole TLS dont nous avons parlé précédemment.

Phase TLS Handshake (voir la procédure détaillée au paragraphe EAP/TLS)

- Le serveur envoie au supplicant une requête de démarrage de PEAP au moyen d'un paquet EAP-Request contenant **EAP-Type=PEAP** (PEAP-start).

- Le supplicant répond (client_hello) avec la liste des algorithmes de chiffrement qu'il est capable d'utiliser.

- Le serveur envoie son certificat et sa clé publique au supplicant. Il lui transmet aussi l'algorithme qu'il a choisi parmi la liste qu'il a reçue précédemment.

- Le supplicant authentifie le certificat du serveur. Il génère la Pré-Master Key. Celle-ci est chiffrée avec la clé publique que vient de lui envoyer le serveur.

- Client et serveur calculent la Master Key et le tunnel chiffré est ainsi établi.

Figure 6–5
Le protocole EAP/PEAP

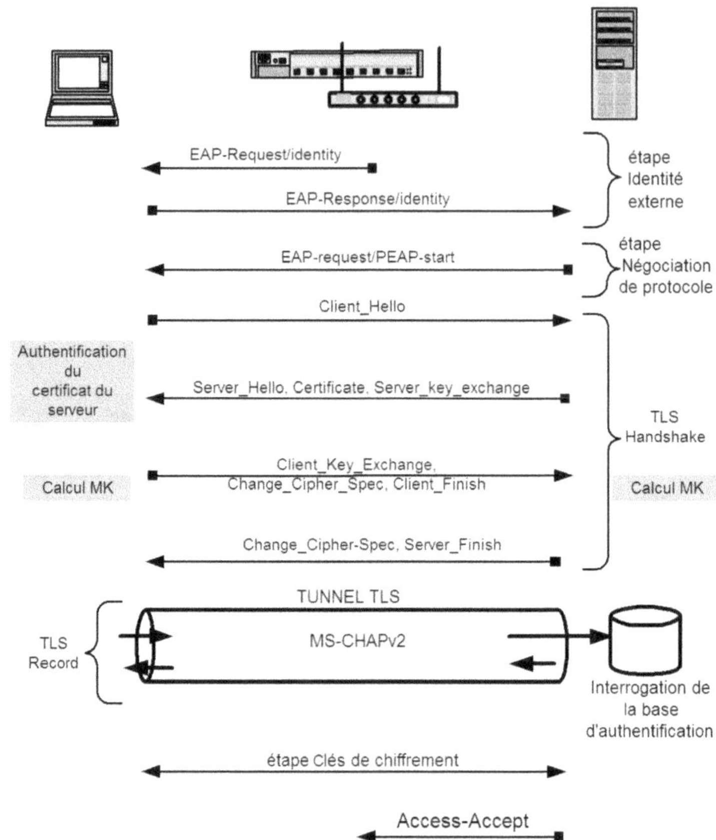

Cette première phase est appelée PEAP phase 1.

On aura remarqué que le supplicant n'a pas fourni de certificat. D'ailleurs, il n'en a pas.

Phase TLS Record

C'est ici que se trouve la spécificité du protocole PEAP : faire passer le protocole de validation du mot de passe dans le tunnel chiffré. On pourrait imaginer qu'il suffit d'envoyer le mot de passe en clair pour qu'il passe ensuite en toute sécurité sur le réseau grâce au tunnel. Mais la réalité est un peu plus complexe. En effet, dans le tunnel, le dialogue est à nouveau porté par EAP. Cela est obligatoire car il n'y a a toujours pas d'autre protocole de communication possible puisque, sur l'équipement réseau, le port n'est toujours pas ouvert.

PEAP ayant été développé, entre autres, par Microsoft, le protocole d'échange de mots de passe principalement utilisé est MS-CHAPv2 (*Microsoft Challenge Handshake Authenticate Protocol*).

> RAPPEL **Versions de PEAP**
>
> Il existe trois versions de PEAP :
> - PEAPv0 : c'est celle dont il est question ici et qui utilise MS-CHAPv2 comme protocole d'échange de mots de passe. (http://mirrors.isc.org/pub/www.watersprings.org/pub/id/draft-kamath-pppext-peapv0-00.txt)
> - PEAPv1 : proposée par Cisco, elle est associée au protocole GTC (*Generic Token Card*). Cette version est très peu utilisée et nécessite généralement du matériel Cisco. (http://ietfreport.isoc.org/all-ids/draft-josefsson-pppext-eap-tls-eap-05.txt)
> - PEAPv2 : il s'agit d'une évolution de la version 0 qui corrige certains de ses défauts. Elle est encore peu utilisée et nécessite que le supplicant et le serveur d'authentification soient tous les deux compatibles avec cette version. (http://ietfreport.isoc.org/all-ids/draft-josefsson-pppext-eap-tls-eap-10.txt)

Avec MS-CHAPv2, le mot de passe est stocké dans la base d'authentification sous forme d'une empreinte (*digest*) obtenue par hachage du mot de passe avec l'algorithme MD4 (*Message Digest*).

MS-CHAPv2 met en œuvre une technique dite de stimulation/réponse (en anglais *challenge/response*). Son principe général est le suivant :

- Le poste de travail envoie son identifiant au serveur au moyen d'un nouveau paquet `EAP-identity`. Il s'agit là de l'identité interne qui correspond à une entrée existante dans la base d'authentification.
- Le serveur répond en lui envoyant une chaîne aléatoire, appelée **stimulation** ou *challenge*, au moyen d'un Access-Challenge.
- Le poste de travail génère une réponse calculée par une formule de hachage faisant intervenir divers éléments comme le challenge, son identifiant, son mot de passe et l'envoi au serveur par l'intermédiaire du NAS dans un paquet Access-Request.
- Le serveur effectue les mêmes calculs et compare le résultat à la réponse reçue. S'il est identique, le mot de passe est validé.

Après l'authentification du mot de passe, le protocole se termine comme avec EAP/TLS :

- Le supplicant envoie une requête `EAP-Response` vide pour signifier que les opérations sont terminées de son côté.
- Le serveur envoie au supplicant un paquet `EAP-success` pour lui signifier que l'authentification est acceptée.
- Un paquet Access-Accept est envoyé au NAS pour lui commander d'ouvrir le port.

Il est important de noter que l'identité interne est envoyée pendant le déroulement de MS-CHAPv2. Le supplicant devra être configuré avec au moins les trois éléments suivants :

- l'identité externe ;
- l'identité interne existant dans la base d'authentification ;
- le mot de passe associé à l'identité interne.

Cette deuxième phase est appelée PEAP phase 2.

Précautions à prendre avec les identifiants

Le risque d'usurpation d'identité que nous avons vu dans le cas EAP/TLS peut exister de façon identique avec PEAP. Reprenons un exemple :

Tableau 6–2 Deuxième exemple d'utilisation d'identités internes et externes

Machine	Identité externe	Identité interne	VLAN autorisé
PC1	Durand	Durand	2
PC2	Dupont	Dupont	3

Si sur PC1 le supplicant est configuré pour envoyer « Dupont » comme identité externe, mais que l'identité interne reste « Durand » avec son mot de passe associé, il sera authentifié comme Durand mais la machine sera placée sur le VLAN 3.

Bien que MS-CHAPv2 soit un protocole d'authentification du monde Windows cela n'empêche pas des postes de travail autres que Windows d'utiliser PEAP. En effet, il suffit que le supplicant connaisse PEAP et MS-CHAPv2. C'est le cas de X-Supplicant, wpa-supplicant ou du système Mac OS d'Apple.

Le protocole EAP/TTLS

TTLS (*Tunneled Transport Layer Security*) a été développé par les sociétés Funk Software et Certicom. Son objectif est exactement le même que celui de PEAP, c'est-à-dire fournir un protocole d'authentification mutuelle entre le poste client et le serveur d'authentification. Le premier s'authentifie grâce à un couple identifiant-mot de passe, et le second, avec un certificat. En revanche, la technique utilisée est différente.

Au départ, les choses sont identiques. Le protocole EAP est mis en œuvre et se déroule suivant les quatre étapes que nous avons vues précédemment : identité externe, négociation de protocole, protocole transporté, clés de chiffrement. TTLS intervient dans l'étape « Protocole transporté ».

TTLS se différencie de PEAP à deux niveaux. D'une part les informations sont transportées au moyen de couples Attributs/Valeurs (AVP) compatibles avec ceux de Radius. D'autre part, la notion de serveur TTLS est introduite. Il s'agit d'un serveur qui s'intercale entre l'équipement réseau et le serveur d'authentification comme l'indique la figure 6-6. Bien sûr, le serveur TTLS n'est pas forcément une machine séparée du serveur d'authentification.

Figure 6–6
Principe de TTLS
et protocoles mis en œuvre

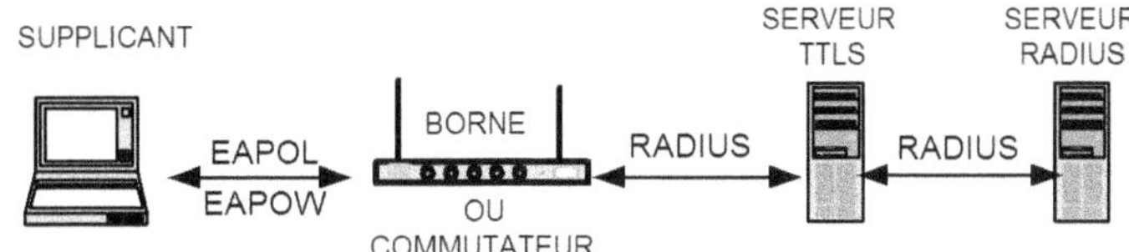

Le supplicant communique toujours grâce à EAP avec l'équipement réseau. Ce dernier n'a plus de relation directe avec le serveur d'authentification, mais avec le serveur TTLS, au moyen du protocole Radius. C'est également avec Radius que le serveur TTLS communique avec le serveur d'authentification.

TTLS s'appuie sur TLS pour réaliser, comme avec PEAP, une authentification en deux phases. La phase TLS Handshake pour établir un tunnel chiffré, et la phase TLS Record pour faire passer dans le tunnel un protocole d'authentification par mot de passe. Mais, cette fois, les paquets du protocole d'authentification dans le tunnel vont être encapsulés dans des paquets du protocole TTLS qui, eux-mêmes, sont formés de couples Attribut/Valeur (AVP) compatibles avec ceux de Radius.

Phase TLS Handshake (TTLS phase 1)

Toute cette phase est identique à la phase équivalente de PEAP. Le premier paquet `EAP-Request` envoyé par le serveur TTLS contient `EAP-Type=TTLS` (qui correspond à TTLS-start). Les échanges sont conformes à la figure 6-7. On remarquera que pendant toute cette phase le serveur d'authentification n'a pas encore été sollicité.

Phase TLS Record (TTLS phase 2)

Le principe de transport du protocole d'authentification dans le tunnel est basé sur l'échange d'attributs AVP. Le supplicant forme des paquets TTLS contenant des attributs liés au protocole. Celui-ci peut être de type EAP ou non.

Exemple avec un protocole de type EAP (EAP-MSCHAPV2)

Comme l'indique la figure 6-8, les paquets `EAP-Response` émis par le supplicant contiennent des paquets TTLS qui, eux-mêmes, contiennent des attributs `EAP-Message` qui portent la charge utile du protocole (en l'occurrence MS-CHAPv2). Au passage, l'équipement réseau écrit le paquet EAP dans un attribut `EAP-Message` d'un paquet Access-Request et l'envoie au serveur TTLS. Celui-ci en extrait l'`EAP-message` ini-

Figure 6–7
Le protocole EAP/TTLS

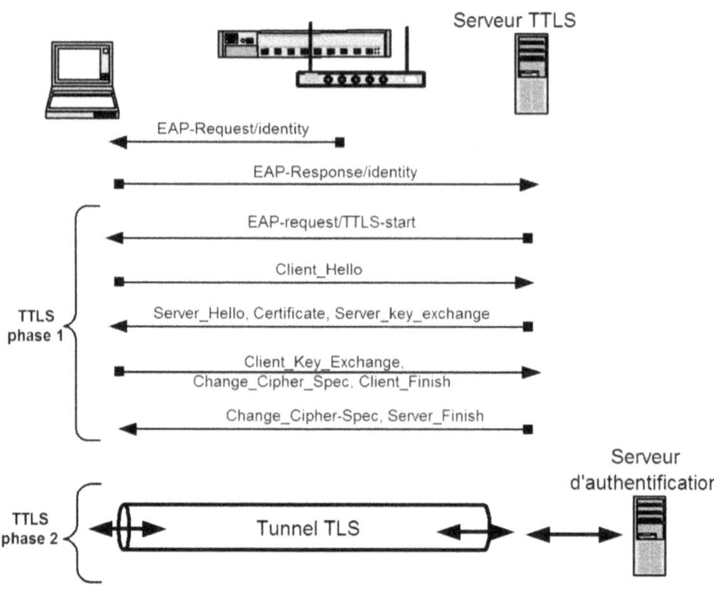

tialement formé par le supplicant et l'envoie dans un nouveau paquet Access-Request vers le serveur d'authentification. Il doit impérativement être compatible avec EAP puisqu'il devra décoder l'EAP-Message.

Figure 6–8
EAP/TTLS avec
un protocole EAP

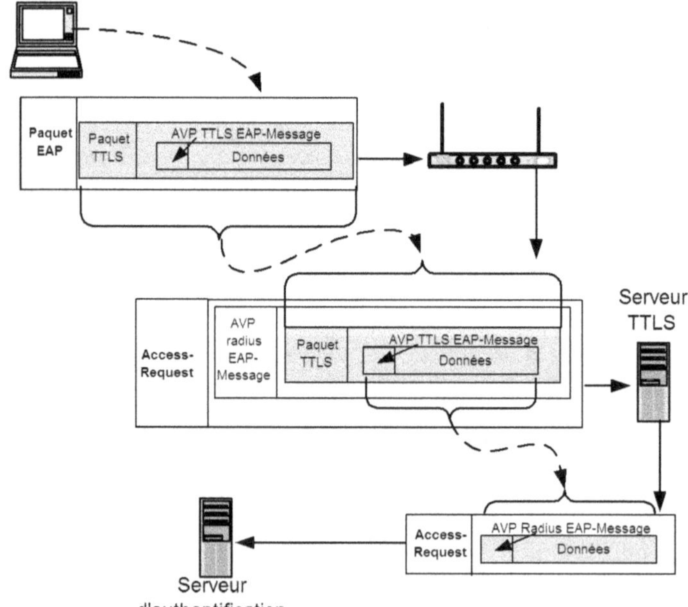

Exemple avec un protocole non-EAP (MS-CHAPv2)

Cette fois, au lieu d'utiliser des attributs EAP-Message, ce sont les attributs directement liés au protocole qui sont utilisés. Par exemple, pour MS-CHAPv2, il s'agira de User-Name, MS-CHAP-Challenge ou encore MS-CHAP-Response. Ces attributs étant compatibles avec le protocole Radius sans extension, le serveur TTLS pourra les rediriger, sans traitement supplémentaire, vers le serveur d'authentification qui n'a pas besoin de la compatibilité EAP. C'est le serveur TTLS qui décode la communication en sortie du tunnel (figure 6-9).

Figure 6–9
EAP/TTLS avec
un protocole non-EAP

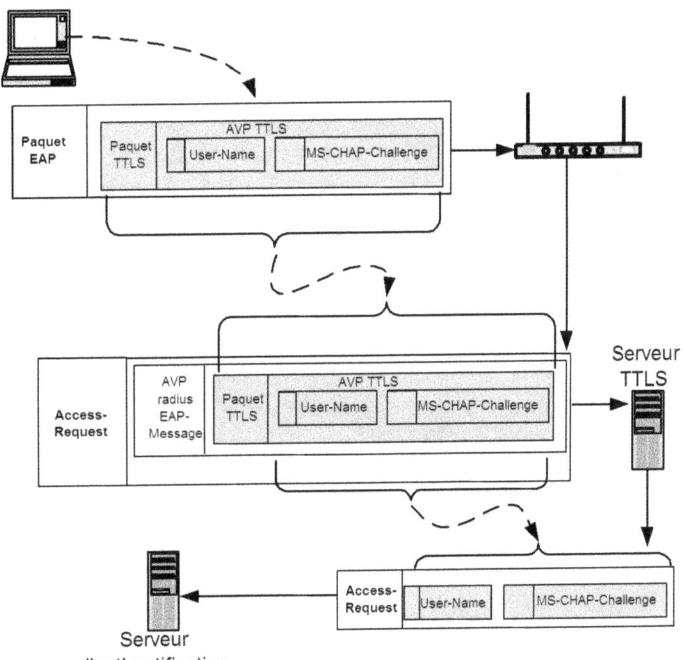

TTLS se comporte donc, lui aussi, comme un protocole de transport de protocoles et ajoute un niveau supplémentaire d'encapsulation. Cette complexité accrue présente un intérêt lorsque l'on dispose d'un ensemble de serveurs Radius déjà installés incompatibles avec EAP. L'ajout d'un serveur TTLS permet alors de les utiliser dans le cadre d'authentifications 802.1X. Lorsque les serveurs Radius sont déjà compatibles avec EAP, l'intérêt technique est limité par rapport à PEAP, sauf pour mettre en œuvre d'autres protocoles que MS-CHAPv2 ou GTC. Cela peut être souhaitable dans des environnements utilisant peu Windows, dans lesquels des protocoles de validation de mot de passe tel que PAP ou CHAP seront favorisés. Dans ce dernier cas, il faudra installer sur chaque poste de travail un supplicant compatible avec TTLS (rappelons que Windows XP, Service Pack 2, ne prend pas en compte TTLS).

Spécificités Wi-Fi : la gestion des clés de chiffrement et WPA

On peut avoir la tentation de ne pas chiffrer les communications sur un réseau Wi-Fi en considérant que ce sont les applications lancées sur les postes de travail qui doivent se charger de cette tâche (SSH, HTTPS...). Dans ce cas, il n'y a pas d'authentification pour l'accès au réseau proprement dit. C'est un serveur recevant une requête qui, pour son propre compte, se charge d'authentifier le client. Cela présente plusieurs inconvénients. D'une part, l'accès au réseau n'est pas protégé ; d'autre part, tous les protocoles susceptibles d'être utilisés ne sont pas protégés par cryptographie.

Par exemple, les navigations sur Internet avec HTTP ne sont pas chiffrées. Le contenu de ces communications n'a rien de confidentiel, puisque émanant de sites Web publics. Pourtant, les habitudes de consultation de tel ou tel site sont confidentielles. Mon voisin n'a pas besoin (ni le droit) de savoir à quels sites je me connecte. Si le réseau Wi-Fi n'est pas protégé, il en a la possibilité en utilisant les divers outils d'espionnage disponibles sur Internet. En revanche, en activant les fonctions de chiffrementdu réseau, toutes les communications sont protégées, quelle que soit leur nature.

Il faut bien garder à l'esprit que ce chiffrement ne prend place qu'entre le poste de travail et la borne. Cependant, l'espace compris entre ces deux matériels est un maillon particulièrement faible de la sécurité des communications de par son côté « aérien » et accessible à tous. Le protéger devient donc indispensable.

Historique

La première initiative pour apporter cette sécurité aux réseaux Wi-Fi, et ce de façon intrinsèque, fut le recours aux clés de chiffrement **WEP** (*Wired Equivalent Privacy*). Il s'agissait d'une application du principe du secret partagé. Les utilisateurs et les bornes connaissent la même clé qui permet de chiffrer symétriquement les échanges.

Cette solution, si elle peut paraître pratique sur un réseau de quelques machines, s'est vite avérée très problématique sur des réseaux plus vastes.

Tout d'abord, la simple connaissance de la clé permet d'accéder au réseau. Donc, là aussi, tout repose, de la part de ceux qui la connaissent, sur sa non-divulgation.

Ensuite, changer la clé, par exemple pour révoquer le droit d'accès d'un utilisateur, suppose de la changer sur tous les postes de travail simultanément.

Enfin, l'algorithme de chiffrement des clés (RC4) a montré de grandes faiblesses, au point d'être facilement compromis.

Une solution plus robuste à ces problèmes de sécurité a été apportée par les mécanismes **WPA** et **WPA2** (*Wi-Fi Protected Access*).

En effet, en 2001, l'IEEE a commencé un programme, baptisé **IEEE 802.11i**, pour définir un standard d'authentification et de chiffrement pour les communications sur réseaux sans fil. Face aux longs délais de développement de 802.11i, et face à la pression d'un marché fortement demandeur de solutions, une première version a vu le jour. Il s'agit de WPA. En 2004, 802.11i a été finalisé et a pris le nom de WPA2.

> À SAVOIR **WPA-Enterprise, WPA-PSK**
>
> WPA-Enterprise est la version de WPA que nous étudions ici. Elle nécessite la mise en œuvre d'un serveur d'authentification qui permet de générer des clés de chiffrement différentes pour chaque utilisateur.
> WPA-PSK (*Pre-Shared Key*) est aussi appelé **WPA-Home** ou encore **WPA-SOHO** (*Small Office/Home Office*). C'est une version simplifiée de WPA qui ne nécessite pas de déployer un serveur Radius mais qui, en contrepartie, impose l'utilisation d'une clé secrète partagée entre tous les utilisateurs. Néanmoins, WPA-PSK est plus sécurisé que WEP car, comme pour WPA-Enterprise, le protocole TKIP est utilisé.

On peut résumer WPA et WPA2 par la formule suivante :

$$\text{WPA(2)} = 802.1X + \text{Protocole de chiffrement de données}$$

Cette équation traduit les deux aspects du problème : la méthode d'authentification avec 802.1X (et EAP) d'une part, et le protocole de chiffrement assurant la confidentialité des communications des données d'autre part.

Ce dernier réalise deux fonctions :

- Le changement périodique des clés de chiffrement. Il décrit comment le poste de travail et la borne Wi-Fi négocient la clé. C'est le protocole TKIP (*Temporal Key Integrity Protocol*) qui est utilisé pour WPA et CCMP (*Counter-Mode/CBC-MAC Protocol*) pour WPA2.
- Le chiffrement des données grâce aux clés précédemment calculées. Pour WPA c'est RC4 qui est utilisé avec un additif appelé **MIC** (*Message Integrity Code*). Pour WPA2, il s'agit de l'algorithme **AES** (*Advanced Encryption Standard*).

Avant de revenir à ces protocoles et à ces algorithmes, nous allons nous intéresser à la transition entre l'authentification et le chiffrement de données.

Transition entre l'authentification et le chiffrement de données

Si nous revenons à la figure 6-4, lorsque l'EAP-Success est envoyé (étape 7), nous sommes dans la situation où le serveur et le supplicant ont en commun la Master Key (MK) calculée dans la session TLS. Mais la borne, elle, ne la connaît pas puisque le trafic EAP n'a fait que la traverser. Pourtant, borne et supplicant vont devoir communiquer de façon sécurisée pour mettre en place le mécanisme de chiffrement des données. Il faut donc qu'au départ, chaque partie dispose du même secret.

Après l'EAP-Success, l'authentification se termine par l'émission d'un paquet Access-Accept par le serveur Radius (étape 8 de la figure 6-4). Cet Access-Accept embarque, par exemple, un attribut Tunnel-Private-Group-Id afin d'indiquer à la borne sur quel VLAN doit être ouvert le port. De surcroît, il contient un attribut « vendor-specific » utilisé pour envoyer une clé à la borne.

En principe, ces attributs sont liés à un fabricant de matériel. Cela veut-il dire que tout le processus dépend de la marque du matériel ? Heureusement non. Le « vendor » en question est Microsoft qui n'est pas fabricant de borne Wi-Fi et qui a créé une liste d'attributs qui est utilisée dans ce cas. Il suffit que la borne Wi-Fi implémente l'attribut que nous allons utiliser qui est MS-MPPE-RECV-KEY. Ce qui doit être le cas si elle est compatible WPA.

La figure 6-8 décrit les échanges qui s'opèrent depuis l'Access-Accept (donc à partir de l'étape 8 de la figure 6-4).

1 À la fin de l'authentification, le supplicant et le serveur disposent chacun de la même Master Key (MK) établie par la session TLS. Ils en dérivent une nouvelle clé appelée *Pairwise Master Key* (PMK).

2 Cette PMK est passée à la borne dans le paquet Access-Accept grâce à l'attribut « vendor-specific » MS-MPPE-RECV-KEY. À partir de là, le serveur n'a plus de rôle et les échanges continuent entre la borne et le supplicant.

3 Avec un protocole dit *4-way Handshake*, négociation en quatre passes, client et borne calculent une clé appelée *Pairwise Transient Key* (PTK). Pour ce calcul, ils utilisent une formule (hachage) qui inclut la PMK (qu'ils connaissent tous les deux), leur adresse MAC et des nombres aléatoires échangés pendant le 4-way handshake. À ce stade, la communication est toujours portée par le protocole EAP par des requêtes EAPOL key. La PTK est différente pour chaque poste connecté à la borne.

4 De chaque côté, la PTK est découpée en quatre sous-clés :
   - *Key Confirmation Key* (KCK) : permet de prouver la possession de la PMK.
   - *Key Encryption Key* (KEK) : permet de chiffrer la clé GTK définie plus loin.
   - *Temporal Key* (TK) : qui permet le chiffrement des données. Aussi appelée clé de session.
   - *Temporal Mic Key* (TMK1 et TMK2) : qui permet d'assurer l'intégrité des échanges.

5 La borne envoie une clé de groupe, *Group Transient Key* (GTK) au supplicant. Cette clé est transmise chiffrée avec la clé KEK. Cette GTK est la même pour tous les postes connectés sur cette borne. Elle a pour rôle de chiffrer le trafic mul-

ticast et broadcast. GTK doit être renouvelée chaque fois qu'un poste de travail quitte le réseau.

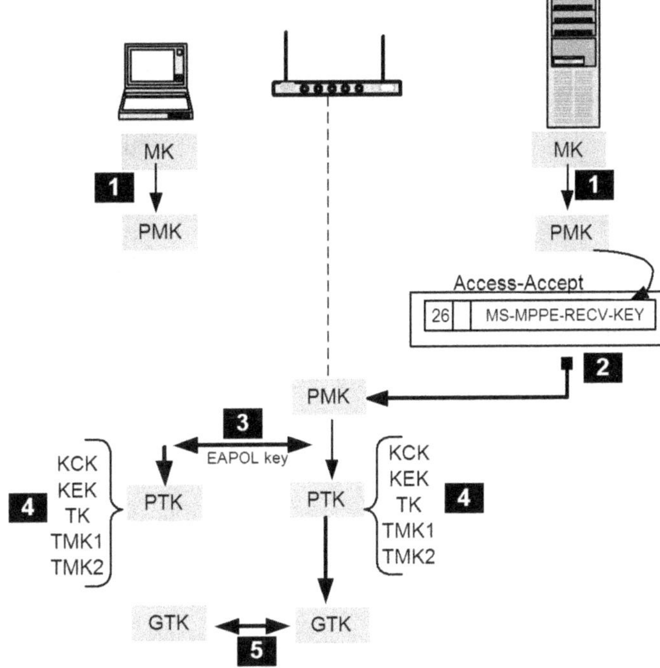

Figure 6–10
Dérivation des clés
de chiffrement

TKIP et CCMP

- Équipés de ce trousseau de clés, la borne ou le poste de travail peuvent désormais chiffrer leurs échanges suivant un des deux algorithmes TKIP ou CCMP.

- Notre propos ici n'est pas de détailler en profondeur ces algorithmes car à ce stade l'authentification est terminée. Nous allons cependant en décrire les principales caractéristiques.

> REMARQUE **TKIP/CCMP**
>
> Le choix de TKIP ou CCMP n'a pas d'influence sur les mécanismes d'authentification 802.1X/EAP.

TKIP

- TKIP (*Temporal Key Integrity Protocol*) fut introduit comme une solution d'attente de la norme 802.11i et représente, en fait, une mise à jour de WEP. Les défaillances importantes de ce dernier ont été compensées et font de WPA avec TKIP une solution très robuste, qui présente l'avantage d'être compatible avec le matériel existant par simple mise à jour logiciel.

- TKIP utilise, comme WEP, l'algorithme de chiffrement RC4, mais avec une bien meilleure gestion des clés et les fonctions suivantes :
  - Utilisation de clés de 128 bits (maximum 104 avec WEP).
  - Vérification de l'intégrité des données à l'aide d'un champ appelé MIC, *Message Integrity Code*, surnommé Michaël. Chaque partie peut ainsi vérifier que le contenu d'un paquet n'a pas été modifié pendant son transfert.
  - Calcul d'une clé différente pour chaque paquet (appelée PPK, *Per-Packet Key*).

CCMP

CCMP (*Counter-Mode/CBC-MAC Protocol*) n'utilise plus RC4 mais AES (*Advanced Encryption Standard*) comme algorithme de chiffrement, ce qui constitue une rupture dans la compatibilité des matériels existants, notamment parce que les calculs de chiffrement nécessitent plus de puissance que ceux de RC4.

CCMP utilise deux algorithmes. Le premier, appelé **Counter Mode**, a pour fonction de chiffrer (avec AES) les données par blocs de 128 bits en incrémentant un compteur. Celui-ci est lui-même chiffré et permet de calculer une nouvelle clé par bloc. Le second algorithme **CBC-MAC**, (*Cipher Bloc Chaining-Message Authentication Code*) permet quant à lui d'assurer l'intégrité des données.

En résumé...

Comme nous venons de le voir, 802.1X et EAP sont des protocoles dont l'architecture est assez complexe du fait de l'imbrication d'une multitude de couches. La figure 6-11 est un schéma regroupant l'ensemble des encapsulations et des protocoles qui entrent en jeu lorsqu'un poste de travail se connecte sur un réseau sans fil depuis les couches basses Ethernet (IEEE 802.11 et 802.3) jusqu'aux communications de niveau IP.

Figure 6–11
Schéma des encapsulations

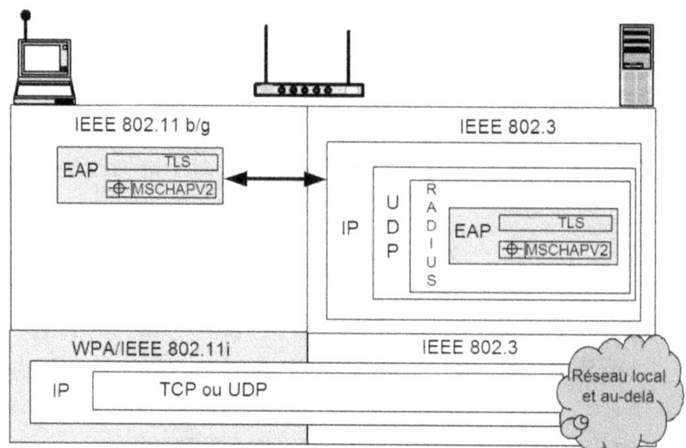

7

FreeRadius

FreeRadius est une implémentation de Radius élaborée, à la suite du projet Cistron, par un groupe de développeurs. La scission entre les deux projets date de 1999. C'est un projet Open Source sous licence GPL.

> HISTOIRE **Cistron et Livingstone**
>
> Le premier serveur Radius fut développé par la société Livingstone Enterprise au début des années 1990. À partir de 1996, le projet Cistron, qui est l'ancêtre de FreeRadius, est apparu. Cistron existe encore pour satisfaire la base installée, mais il est aujourd'hui supplanté par FreeRadius, plus riche et plus facile à administrer.

Le site officiel du projet est http://www.freeradius.org d'où il est possible de télécharger le logiciel et de trouver les pointeurs sur deux listes de diffusion très actives. L'une est à l'usage des utilisateurs et l'autre est dédiée aux développeurs qui ont contribué au projet.

FreeRadius doit son succès à sa compatibilité avec un grand nombre de standards couvrant les systèmes d'exploitation, les protocoles et les bases d'authentification. Cette large couverture offre une riche palette de possibilités qui lui permet de s'intégrer dans la plupart des architectures existantes.

Il est annoncé comme testé et fonctionnel sur les systèmes Linux (toutes distributions), FreeBSD, NETBSD et Solaris.

Parmi les protocoles d'authentification compatibles citons :

- IEEE 802.1X ;
- EAP/TLS (*Transport Layer Security*) ;
- EAP/PEAP (*Protected Extensible Authentication Protocol*) ;
- EAP/TTLS (*Tunneled Transport Layer Security*) ;
- EAP/SIM (*Subscriber Identity Module*) ;
- EAP/GTC (*Generic Token Card*) ;
- EAP/MD5 (*Message Digest*) ;
- LEAP (*Lightweight Extensible Authentication Protocol*) ;
- MS-CHAP (*Microsoft Challenge Handshake Authentication Protocol*) ;
- CHAP (*Challenge Handshake Authentication Protocol*) ;
- PAM (*Pluggable Authentication Modules*).

Et pour les bases d'authentification (et d'autorisation), LDAP, Domaine Windows (authentification seulement), Mysql, Oracle, Postgresql, DB2, fichiers Unix `/etc/passwd`, `/etc/shadow` (authentification seulement), base locale sous forme de fichier plat (*users*).

Ces listes ne sont pas exhaustives et sont susceptibles de s'étoffer au fil des nouvelles versions. Dans le cadre de cet ouvrage, nous utiliserons les protocoles EAP/TLS, EAP/PEAP, EAP/TTLS ainsi que CHAP. Ce dernier est utilisé dans le cas de l'authentification Radius-MAC sur certains matériels (Hewlett-Packard). Pour les bases de données nous utiliserons d'abord le fichier local *users*, qui nous permettra de nous familiariser avec les mécanismes de FreeRadius. Nous verrons au chapitre 10 comment mettre en œuvre des bases externes, LDAP et Windows.

Installation et démarrage

L'installation de FreeRadius est très simple et classique.

Le fichier archive se présente sous le nom : *freeradius-version.tar.gz*, et il s'installe comme suit :

```
tar xvzf freeradius-1.1.2
cd freeradius-1.1.2
./configure
make
make install
```

FreeRadius existe aussi sous forme de paquetages disponibles suivant les distributions.

FreeRadius peut être démarré soit comme un service (daemon), soit en ligne de commande. À des fins d'analyse, il est aussi possible de le lancer en mode debug avec la commande :

```
radiusd -X
```

Ce programme garde la main jusqu'à ce qu'un Ctrl+C soit tapé au clavier. Il permet d'obtenir énormément d'informations quant au déroulement des opérations. Au chapitre 11, nous verrons comment utiliser ce mode et obtenir des fichiers de journalisation.

Principes généraux

Le processus exécuté par FreeRadius comprend principalement deux étapes : l'autorisation et l'authentification. Aussi curieux que cela puisse paraître, c'est bien dans cet ordre que les opérations vont se dérouler. Bien sûr, FreeRadius ne va pas donner d'autorisations avant d'avoir authentifié le client. Il va préparer le terrain en établissant la liste des autorisations qui sera envoyée au NAS quand l'authentification sera positive.

La figure 7-1 décrit chacune des étapes que l'on peut décomposer ainsi :

1 Soumission d'une requête.

2 Recherche dans la base de données.

3 Constitution de la liste des autorisations.

4 Authentification.

À SAVOIR **Les clients de FreeRadius**

Comme nous l'avons déjà vu, dans le cadre d'une authentification réseau avec 802.1X ou par adresse MAC, les clients des serveurs Radius, et donc plus précisément ici FreeRadius, sont les équipements réseau.

Grâce à des modules spécifiques, un système ou une application peut devenir client de FreeRadius afin d'authentifier leurs utilisateurs. Ces modules ne font pas partie de FreeRadius et doivent être installés et compilés sur les clients potentiels.

À ce jour il existe deux modules : `pam_radius_auth` et `mod_auth_radius`.

`pam_radius` est un plug-in **PAM** (*Pluggable Authentication Modules*) qui permet à toute machine compatible avec PAM de devenir cliente d'un serveur FreeRadius. PAM est un composant standard sur les principaux systèmes de type Unix, permettant d'étendre les méthodes d'authentification par simple ajout de modules appelés **plug-ins**.

`mod_auth_radius` est un module Apache qui permet à un serveur web Apache d'authentifier ses utilisateurs sur un serveur FreeRadius.

Dans ces deux cas, il ne s'agit plus d'authentification réseau mais d'authentification applicative.

Soumission d'une requête

Les requêtes arrivent au serveur par le biais de paquets Access-Request pouvant contenir plusieurs attributs. On y trouvera toujours l'attribut User-Name qui contient l'identifiant. On y trouve aussi des attributs tels que Calling-Station-Id, NAS-Identifier, etc. Ces attributs sont appelés **request-items**.

Recherche dans la base de données

Le nœud central du système FreeRadius est la ou les bases de données où les informations d'autorisations et d'authentification sont puisées.

Nous allons supposer ici que la base d'autorisation est le fichier *users* de FreeRadius. Il s'agit d'un fichier plat et d'une forme simpliste de base de données séquentielle. Le fichier *users* peut être utilisé pour cumuler l'authentification et l'autorisation ou uniquement pour l'une ou l'autre. Cela dépendra des protocoles d'authentification qui seront utilisés.

Une base d'autorisation est constituée d'une entrée par utilisateur ou par machine. Chaque entrée est caractérisée par un identifiant ainsi que par trois catégories d'attributs appelées **check-items**, **reply-items** et **config-items**.

Une base d'authentification est aussi constituée d'une entrée par utilisateur ou par machine et contient les données d'authentification (mot de passe). Si base d'authentification et d'autorisation ne font qu'une, ces données d'authentification y seront présentes sous formes de check-items (User-Password).

FreeRadius recherche dans la base d'autorisation un identifiant égal à la valeur de User-Name. S'il le trouve, il compare la liste des check-items à la liste des request-items. S'il y a équivalence, l'entrée est validée, sinon l'entrée suivante est vérifiée et ainsi de suite jusqu'à la fin.

> DÉFINITION **Identifiant et username**
>
> Dans la terminologie FreeRadius, le champ identifiant est plutôt appelé **username**. Comme nous le verrons, il peut s'agir effectivement d'un nom d'utilisateur, mais aussi d'une adresse MAC ou encore d'un nom de machine. C'est pourquoi le terme « identifiant » sera préféré afin d'écarter les ambiguïtés que peut entraîner l'usage de « username », même si c'est bien l'attribut User-Name qui est utilisé dans tous les cas.

Les check-items constituent donc une liste de critères supplémentaires auxquels la requête doit satisfaire. Chaque attribut de la liste des request-items devra avoir pour valeur la valeur du check-item correspondant. Pour qu'une entrée soit validée, il ne suffit donc pas de trouver l'identifiant mais il faut que les request-items soient équivalents aux check-items. Ce qui veut dire qu'il est parfaitement possible d'avoir le même identifiant pour plusieurs entrées mais avec des check-items différents. Il est même possible d'avoir plusieurs entrées strictement identiques. Dans ce cas, c'est la première qui est prise en compte, sauf si le reply-item `Fall-Through` est utilisé.

Par exemple, si la requête est ainsi formulée :

```
User-Name = Dupont (identifiant)
Calling-Station-Id = 00:01:02:03:04:05 (request-item)
```

et si dans la base l'entrée Dupont possède le check-item `Calling-Station-id=00:06:07:08:09:03`, alors cette entrée n'est pas validée et le processus continue avec l'entrée suivante. La recherche s'arrête soit quand le couple (identifiant, `Calling-Station-Id`) est trouvé, soit, dans le cas contraire, par un rejet de la requête.

Constitution de la liste des autorisations

Quand une entrée a été trouvée, FreeRadius en extrait la liste des reply-items et la met provisoirement de côté. Il s'agit là des autorisations qui seront accordées au poste qui se connecte.

Un reply-item est un attribut auquel une valeur est affectée dans la base d'autorisation. Quand l'authentification aura été réalisée, les reply-items seront écrits dans le paquet Access-Accept qui sera envoyé au NAS. Parmi les request-items on trouvera, par exemple, l'attribut `Tunnel-Private-Group-Id` qui sera le VLAN autorisé pour le poste en question.

Authentification

Après l'étape d'autorisation, FreeRadius passe à l'authentification dont le processus demande plus ou moins d'échanges avec le NAS suivant la méthode mise en œuvre (EAP, Radius-MAC...).

Si l'authentification est positive, un paquet Access-Accept est construit avec, pour attributs, la liste des reply-items mise de côté précédemment. Si l'authentification est négative, c'est un paquet Access-Reject qui est envoyé.

Config-items

Les config-items sont des attributs internes du serveur liés à une requête. On peut les considérer comme des variables de configuration renseignées dans le fichier *radiusd.conf* ou par FreeRadius lui-même pendant son fonctionnement.

Par exemple, on trouve l'item `Auth-Type` qui permet de spécifier quelle méthode d'authentification doit être associée à un identifiant.
`Auth-Type :=EAP`, signifie qu'il s'agit d'une méthode EAP.

`Auth-Type :=Local`, signifie que le mot de passe se trouve dans le fichier *users*. Dans ce dernier cas l'attribut `User-Password` fait partie de la liste des check-items.

CONVENTION **Auth-Type**

La documentation mentionne qu'il n'est pas obligatoire d'utiliser Auth-Type. Effectivement, FreeRadius sait reconnaître la nature d'un paquet et positionner lui-même le type d'authentification. Néanmoins, à des fins de clarté, nous l'utiliserons toujours pour bien différencier les méthodes mises en œuvre.

Figure 7–1
Principe de fonctionnement
de FreeRadius

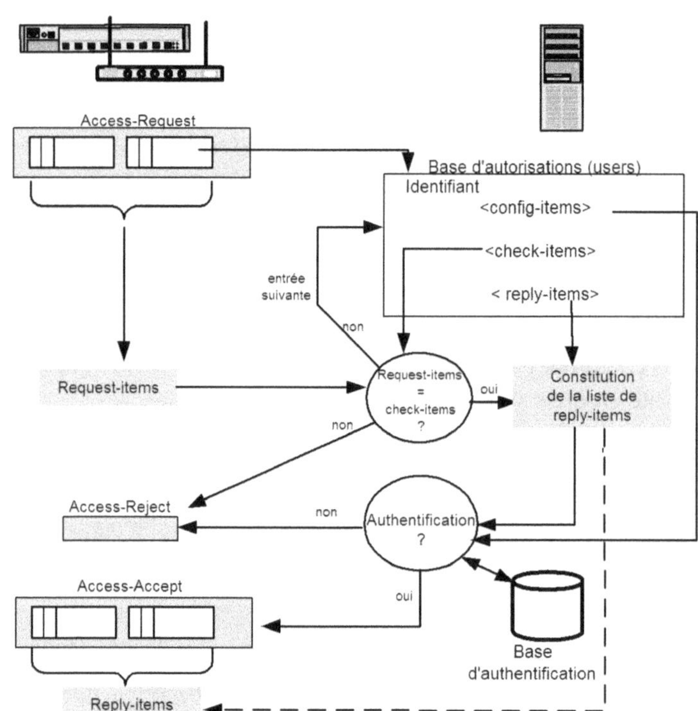

Les principaux fichiers de configuration

FreeRadius dispose de quelques fichiers de configuration pour décrire son environnement. Parmi ceux-ci, *clients.conf*, *radiusd.conf*, *eap.conf* et la base *users* sont incontournables. Tous ces fichiers sont placés, par défaut, dans le répertoire */etc/raddb*. Ils sont très commentés. Parmi les nombreuses options, seules celles qui ont le plus d'importance pour la compréhension des mécanismes seront détaillées.

Clients.conf

Ce fichier a pour fonction de définir les secrets partagés avec chaque équipement réseau. Cela revient à déclarer quels matériels (NAS) peuvent soumettre des requêtes au serveur FreeRadius. Tout autre matériel sera refusé et le message suivant sera émis dans le fichier de journalisation :

```
Ignoring request from unknown client adresse-ip-du-NAS
```

Pour chaque NAS, la syntaxe est la suivante :

```
client adresse-ip {
secret = le-secret-partagé
shortname = nom
}
```

- adresse-ip est l'adresse IP du commutateur ou de la borne.
- le-secret-partagé est le secret partagé entre le serveur et cet équipement. On peut définir un secret différent pour chaque équipement. Il faudra enregistrer le même secret dans l'équipement.
- nom est un alias que l'on donne à cet équipement. Il peut être choisi librement et n'est pas forcément égal au nom DNS de l'équipement. Il est important de donner un nom différent pour chaque équipement car ils apparaîtront dans les journaux de FreeRadius pour indiquer à partir d'où un poste a réussi à s'authentifier.

La base users

Le fichier *users* est la base de données locale. Elle est utilisée soit comme base d'autorisations, soit comme base d'authentification ou les deux à la fois. Il s'agit d'un simple fichier texte.

Quel que soit le type de base de données que l'on souhaitera utiliser au final, la connaissance du format et de l'usage du fichier *users* est fondamentale.

Format

Ce fichier est constitué d'une liste d'entrées, chacune correspondant à un utilisateur ou à une machine. Le format de ces entrées est :

```
identifiant    <config-items>,<check-item>,....<check-item>
     reply-item,
     reply-item,
     .....
     reply-item
```

Une entrée est composée de deux parties : la première ligne et les lignes suivantes, en retrait, jusqu'à la première ligne de l'entrée suivante.

Première ligne

`identifiant` est l'identité véhiculée par l'attribut `User-Name` dans un paquet Access-Request. FreeRadius balaye le fichier avec cette identité comme clé de recherche.

Les config-items sont toujours écrits sur la première ligne et sont séparés par une virgule.

Les check-items sont eux aussi toujours sur la première ligne, séparés par une une virgule. La ligne se termine sans virgule.

Lignes suivantes

Les reply-items sont écrits, à raison d'un par ligne, en retrait (espaces ou tabulations) par rapport à la première ligne. Chaque ligne se termine par une virgule sauf la dernière.

La figure 7-2 montre l'exemple d'une entrée dans le fichier *users*.

Figure 7–2
Format d'une entrée dans le fichier users

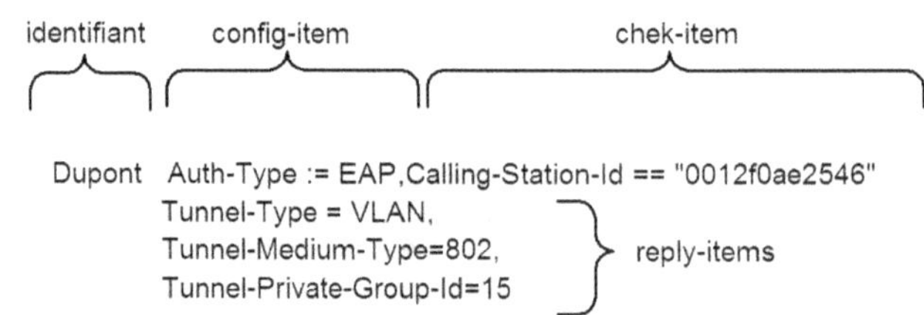

Les opérateurs

Dans l'exemple de la figure 7-2 apparaissent les signes := et == (double égal). Ils font partie d'une liste d'opérateurs qui peuvent être utilisés pour affiner la comparaison entre les valeurs présentées par les request-items et celles des check-items.

```
Attribut == valeur
```

Utilisé sur la ligne des check-items : l'attribut doit être présent parmi les request-items et doit avoir exactement la valeur spécifiée. Par exemple,

```
Calling-Station-Id == "0012f0ae2546"
```

signifie que la requête doit venir d'un poste de travail d'adresse MAC 0012f0ae2546.

```
Attribut != valeur
```

Utilisé sur la ligne des check-items : l'attribut doit être présent dans la requête et être différent de la valeur. Par exemple,

```
Calling-station-Id != "0012f0ae2546"
```

signifie que cette entrée dans la base sera validée si l'adresse MAC du poste de travail est différente de 012f0ae2546.

```
Attribut < valeur (ou bien >, <=, >=)
```

Utilisé sur la ligne des check-items : l'attribut doit être présent et respectivement inférieur, inférieur ou égal, supérieur ou supérieur égal à la valeur. Par exemple,

```
NAS-port < 10
```

signifie que le numéro de port sur lequel est connecté le poste de travail doit être inférieur à 10 pour que l'entrée soit validée.

```
Attribut =~ valeur
```

Utilisé sur la ligne des check-items : `valeur` est une expression régulière. L'attribut doit être présent dans la requête et sa valeur doit correspondre à l'expression régulière. Par exemple,

```
NAS-IP-Address =~ "172.16*"
```

signifie que l'adresse IP du NAS qui fait la requête doit commencer par 172.16

```
Attribut !~ valeur
```

Utilisé sur la ligne des check-items : `valeur` est une expression régulière. L'attribut doit être présent dans la requête et sa valeur ne doit pas instancier l'expression régulière. Par exemple,

```
NAS-IP-Address !~ "172.16*"
```

Signifie que l'adresse IP du NAS qui fait la requête ne doit pas commencer par 172.16.

```
Attribut *= valeur
```

Utilisé sur la ligne des check-items : l'attribut doit être présent dans la requête et sa valeur n'a pas d'importance.

```
Attribut := valeur
```

Utilisé sur la ligne des check-items : l'attribut est un config-item qui reçoit la valeur spécifiée. Par exemple,

```
Auth-Type := EAP
```

Utilisé avec les reply-items : l'attribut et sa valeur sont ajoités à la liste des reply-items s'ils n'existent pas déjà.

```
Attribut += valeur
```

Utilisé sur la ligne des check-items : l'attribut et sa valeur sont ajoutés à la liste des config-items.

Utilisé avec les reply-items : l'attribut est ajouté à la liste des reply-items.

```
Attribut = valeur
```

Utilisé sur la ligne des check-items : le config-item de même nom reçoit la valeur.

Utilisé avec les reply-items : l'attribut et sa valeur sont ajoutés à liste des reply-items. Par exemple,

```
Tunnel_Private_Group_Id = 10
```

DEFAULT et Fall-Through

Le fichier *users* est balayé séquentiellement du haut vers le bas. Lorsqu'une entrée est validée, la recherche s'arrête sauf en cas d'utilisation de `Fall-Through=yes` dans la liste des reply-items, auquel cas le balayage continue jusqu'à la prochaine entrée validée. Par défaut, `Fall-Through=no`.

Il est possible d'ajouter, en fin de fichier, une entrée particulière appelée **DEFAULT** qui se substitue à n'importe quel identifiant. Ainsi, en fin de balayage, elle permettra de décider que faire de la requête.

Par exemple, pour un rejet explicite, on écrira :

```
DEFAULT Auth-Type := Reject
```

Autre exemple, si aucune entrée n'a pas été validée, on veut autoriser toute authentification EAP entre 8 et 9 heures, sur le VLAN 10.

```
DEFAULT Auth-Type := EAP, Login-Time := "0800-0900"
                Tunnel-Type = VLAN,
                Tunnel-Medium-TYpe=802,
                Tunnel-Private-Group-Id=10
```

Radiusd.conf

Ce fichier de configuration regroupe l'ensemble des paramètres nécessaires pour décrire le type de fonctions souhaitées. Il existe un très grand nombre d'options et de modules. Nous ne les décrirons pas exhaustivement mais nous verrons les plus intéressants que nous replacerons dans un contexte concret.

radiusd.conf est composé de plusieurs parties :

- Paramètres du service Radiusd.
- Section de déclaration des modules.
- Section Instantiate.
- Section Authorize.
- Section Authenticate.
- Section Pre-Acct.
- Section Post-Auth.
- Section Pre-Proxy.
- Section Post-Proxy.

Paramètres du service Radiusd

On trouve ici des paramètres directement liés au fonctionnement de base du processus (daemon) Radiusd :

- Déclaration des chemins d'accès : où se trouvent les programmes (prefix), les fichiers de configuration (sysconfig).
- Déclaration du port d'écoute : normalement 1812 ou bien 0 pour utiliser le port défini dans le fichier */etc/services*.
- Déclaration du nombre minimal de processus lancés au démarrage et du nombre maximal possible (thread_pool).
- Inclusion du fichier *clients.conf.*

Déclaration des modules

Cette section commence par le mot-clé *modules* et contient la déclaration de tous les modules qui seront utilisés pendant l'exploitation.

```
Modules {
   nom-module [nom-instance] {
       config-item = valeur
       ........
       }
 .......
 }
```

Le nom du module correspond à un fichier nommé *rlm_nom-module* dans le répertoire */usr/local/lib*. Entre les accolades, on trouve un certain nombre d'options particulières à chaque module.

Dans *radiusd.conf*, il existe un grand nombre de modules prédéfinis. Parmi ceux qui nous intéresseront ici, citons :

- mschap, qui sera appelé par le module eap dans le cas des authentifications PEAP ou TTLS.
- ldap, qui sera utilisé pour interroger une base LDAP pour authentifier et/ou autoriser.
- realm, qui permettra de supprimer d'éventuels domaines préfixant l'identité.
- checkval, qui sera utilisé avec LDAP.
- files, qui définit et charge le fichier *users*.
- eap, qui implémentera la couche EAP que nous avons vue au chapitre précédent. Ce module n'est pas directement défini dans *radiusd.conf* mais dans le fichier *eap.conf*. Il est intégré dans *radiusd.conf* par la ligne $INCLUDE ${confdir}/ eap.conf.
- chap, qui sera utilisé pour valider le mot de passe dans le cas de l'authentification Radius-MAC.

Section Instantiate

Cette section n'est pas obligatoire et sert à précharger des modules comme exec qui permet l'exécution de programmes externes.

Section Authorize

Cette section contient la liste des modules qui doivent être exécutés afin de constituer la liste des reply-items et de préparer le terrain avant la section Authenticate. Ils positionnent le config-item Auth-Type, si cela n'a pas déjà été fait explicitement dans le fichiers *users*, et interrogent une base de données d'autorisation. Par exemple,

```
authorize {
        chap
        eap
        files
    }
```

FreeRadius parcourt la liste des modules fournis du haut vers le bas.

- chap : dans ce module, FreeRadius va vérifier si la requête contient une authentification CHAP. Si c'est le cas, il positionne Auth-Type := CHAP. Dans le cas contraire il passe au module suivant sans rien faire.
- eap : ici FreeRadius regarde si la requête est de type EAP (présence de l'attribut EAP-Message). Si c'est le cas, il positionne Auth-Type := EAP. Dans le cas contraire, il passe au module suivant.
- files : Le fichier *users* est parcouru à la recherche de l'identifiant contenu dans l'attribut User-Name et la liste des reply-items est constituée.

Section Authenticate

Ici se trouve la liste des modules correspondant aux méthodes d'authentification que le serveur accepte. Ces modules sont les mêmes que ceux qui ont pu être utilisés dans la section Authorize, mais cette fois-ci, ils accomplissent une tâche d'authentification. Lorsque le processus arrive dans la section Authenticate, le config-item Auth-Type doit déjà être positionné explicitement dans l'entrée validée dans le fichier *users*, ou bien implicitement par un des modules de la section Authorize.

```
authenticate {
        Auth-Type CHAP {
            chap
        }
        eap
}
```

Ces déclarations de modules constituent la liste de protocoles que reconnaît le serveur.

Les autres sections

La section Post-Auth intervient après l'authentification et permet d'y exécuter d'autres modules. Par exemple, il est possible d'y placer un programme externe qui enregistrera des informations dans un journal. Cet exemple est décrit plus loin, au paragraphe « Exécution de programmes externes ».

La section Pre-Proxy est exécutée avant d'envoyer une requête vers un autre serveur. La section Post-Proxy est appelée lorsqu'une réponse revient.

Le fichier eap.conf

Le fichier *eap.conf* est inclus dans *radiusd.conf* au moyen d'une instruction INCLUDE. On y trouve le module eap qui a pour fonction d'implémenter les couches EAP que nous avons vues sur la figure 6-1. Ce module eap est lui-même constitué de sous-modules qui correspondent chacun à un protocole (couche EAP Method). Le format général est le suivant :

```
eap {
  options de configuration.
  Protocole-eap1 {
    configuration du protocole1.
    .....
  }
  protocole-eap2 {
    configuration du protocole2
    ....
  }
}
```

Parmi les options de configuration, on trouve le config-item default_eap_type. Il contient le protocole par défaut proposé par le serveur dans l'étape « Négociation de protocole » abordé au chapitre 6 (étape 2, figure 6-3).

Les modules de protocoles qui nous intéressent ici sont tls, peap, ttls. Dans tous les cas, il faudra configurer le module tls puisqu'il servira au moins à créer le tunnel et, éventuellement, à authentifier le certificat présenté par le supplicant.

Configuration du module tls

Tout d'abord, pour pouvoir configurer ce module, il faut que le paquetage openssl soit installé dans le système. Ensuite, il faudra disposer d'un certificat pour le serveur avec sa clé privée associée et du certificat de l'autorité de certification.

FreeRadius propose de placer les certificats dans le répertoire */etc/raddb/certs* mais il est possible de les mettre n'importe où dans le système.

Le module tls sera configuré de la façon suivante :

```
tls {
  private_key_password = passphrase-de-la-clé-privée
  private_key_file = ${raddbdir}/certs/
                  fichier-contenant-la-clé-privée-du-serveur.pem
```

```
    certificate_file = ${raddbdir}/certs/
                           fichier-contenant-le-certificat-du-serveur.pem
    CA_file = ${raddbdir}/certs/certificat-de-l'autorité.pem
    dh_file = ${raddbdir}/certs/dh
    random_file = ${raddbdir}/certs/random
    fragment_size = 1024
    include_length = yes
    check_cert_cn = %{User-Name}

}
```

Les certificats du serveur et de l'autorité doivent être au format PEM.

À la place de la variable de configuration CA_file, il est possible d'utiliser CA_path qui permet au serveur d'authentifier les certificats de plusieurs autorités de certification et de prendre en compte les listes de révocation. Ces possibilités et les caractéristiques des certificats seront décrites dans la section « Mise en œuvre des certificats » au chapitre 8.

dh_file contient le chemin du fichier de paramétrage utile à l'algorithme Diffie-Hellman pour la négociation des clés de session TLS. Il peut être généré avec la commande suivante :

```
openssl dhparam -check -text -5 512 -out /etc/raddb/certs/dh
```

Quant à l'item random_file, il contient le chemin d'un fichier au contenu aléatoire également utilisé dans le processus de TLS. Il peut être créé ainsi :

```
dd if=/dev/urandom of=/etc/raddb/certs/random count=2
```

La variable check_cert_cn a pour objectif, avant d'accepter un certificat, de vérifier que son CN (*Common Name*) est égal à la valeur indiquée. Lorsqu'on écrit check_cert_cn = %{User-Name}, cela signifie que le CN doit être égal au contenu de l'attribut User-Name. Dans tout autre cas, l'authentification est rejetée. Ainsi, il est possible d'interdire les requêtes pour lesquelles l'identité externe n'est pas égale au CN. Cela permet de résoudre le risque d'usurpation d'identité dans le cas EAP/TLS vu au chapitre 6. Check_cert_cn n'a pas de sens avec PEAP ou TTLS puisque dans ces cas, le supplicant ne présente pas de certificat.

Le message d'erreur émis en cas de différence entre le CN et l'identité externe est le suivant :

```
Certificate CN (Jean.Dupont) does not match specified value
(Pierre.Durand)
```

Nous allons nous servir de cet exemple d'usurpation d'identité pour détailler la manière dont FreeRadius enchaîne les opérations d'authentification et d'autorisation pour EAP/TLS.

Supposons que nous ayons dans le fichier *users* :

```
Dupont Auth-Type := EAP
      Tunnel-Type = VLAN,
      Tunnel-Medium-Type = 802,
      Tunnel-Private-Group-Id = 3
Durand Auth-Type := EAP
      Tunnel-Type = VLAN,
      Tunnel-Medium-Type = 802,
      Tunnel-Private-Group-Id = 2
```

et dans *radiusd.conf* :

```
authorize {
        eap
        files
}
authenticate {
    Auth-Type MS-CHAP {
      mschap
    }
    eap
}
```

Messieurs Dupont et Durand sont déclarés dans la base *users*, chacun étant affecté à un VLAN différent. Ils ont chacun un certificat dont le champ Common Name vaut respectivement Dupont et Durand.

Monsieur Durand veut se placer illicitement sur le VLAN de Monsieur Dupont. Pour cela, dans son supplicant, il indique qu'il souhaite TLS comme méthode d'authentification, il fournit son propre certificat mais donne Dupont comme identité externe.

Les échanges se décomposent suivant la figure 7-3 :

1 Le serveur reçoit un paquet Access-Request dont l'attribut `User-Name` contient Dupont (identité externe).

2 FreeRadius parcourt la section Authorize et interroge le fichier *users* avec `User-Name` (Dupont). S'il le trouve, il écrit dans la liste des reply-items l'attribut `Tunnel-Private-Group-Id` avec sa valeur 3.

3 Puis il parcourt la section Authenticate et exécute le module `eap`. À partir de ce moment s'enclenche, entre le serveur et le supplicant, la série d'échanges décrite au chapitre 6 pour EAP/TLS.

4 Le serveur envoie des paquets Access-Challenge et obtient des Access-Request en réponse. Pour chacun d'eux, les étapes 2 et 3 se répètent.

5 Lorsque le serveur reçoit l'Access-Request contenant le certificat du supplicant, il parcourt la section Authorize, interroge *users* avec `User-Name=Dupont` et construit donc toujours la même liste de reply-items.

6 Il passe enfin à la section Authenticate où le certificat est authentifié. Son CN est Durand. Puis un paquet Access-Accept est envoyé avec la liste des reply-items, c'est-à-dire l'attribut `Tunnel-Private-Group-Id` qui a la valeur 3.

Nous voyons ici comment Monsieur Durand, avec son propre matériel d'authentification, a pu se faire affecter le VLAN 3 alors que, d'après le fichier *users*, il aurait dû obtenir le VLAN 2. Pour contrecarrer ce phénomène, il faut ajouter `check_cert_cn=%{User-Name}` à la configuration du module `tls`. À ce moment, au point 6, le CN est comparé à l'identité externe qui est contenue dans la variable `User-Name`. Comme ils sont différents, l'authentification est refusée.

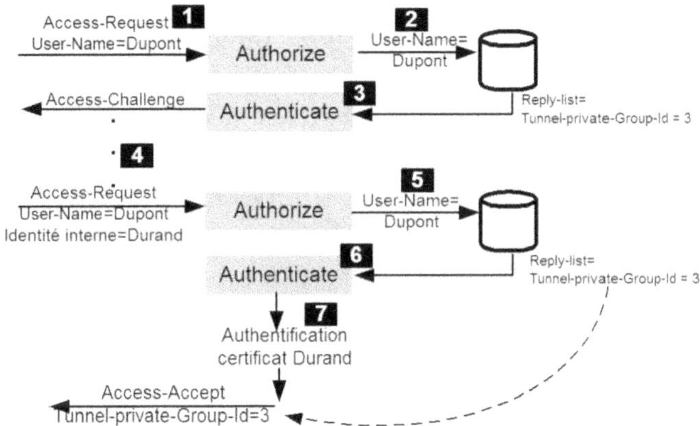

Figure 7–3
Processus d'authentification
EAP/TLS de FreeRadius

Configuration du module peap

Le module `peap` peut être configuré ainsi :

```
peap {
   default_eap_type = mschapv2
   copy_request_to_tunnel = yes
   use_tunneled_reply = yes
}
mschapv2 {
}
```

La variable `default_eap_type` indique quel protocole de validation du mot de passe doit être utilisé, ici MS-CHAPv2. Cela implique la déclaration du module `mschapv2` qui, lui-même, fera appel au module `mschap` qui est déclaré dans le fichier *radiusd.conf.*

Avant d'expliquer la signification de `copy_request_to_tunnel` et `use_tunneled_reply` nous allons, comme avec EAP/TLS, détailler le processus d'authentification et d'autorisation avec PEAP, et toujours avec le cas de tentative d'usurpation d'identité.

Les fichiers *users* et *radiusd.conf* sont configurés exactement de la même manière.

Cette fois Monsieur Durand va configurer son supplicant de telle sorte qu'il fournira Dupont comme identité externe et Durand, avec son mot de passe, comme identité interne.

La figure 7-4 illustre le processus :

1 Le serveur reçoit un paquet Access-Request dont l'attribut `User-Name` contient Dupont (identité externe).

2 FreeRadius parcourt la section Authorize et interroge le fichier *users* avec `User-Name` (Dupont). S'il le trouve, il écrit dans la liste des reply-items l'attribut `Tunnel-Private-Group-Id` avec sa valeur 3.

3 Puis, il parcourt la section Authenticate et exécute le module eap. À partir de ce moment s'enclenche, entre le serveur et le supplicant, la série d'échanges vue au chapitre 6 pour EAP/PEAP.

4 Le serveur envoie des paquets Access-Challenge et obtient un Access-Request en réponse. Pour chacun d'eux, les étapes 2 et 3 se répètent.

5 Lorsque le tunnel est établi, le supplicant va transmettre l'identité interne (Durand) et son mot de passe. Le serveur reçoit un Access-Accept qui contient toujours comme `User-Name` la valeur Dupont et l'identité interne contenue dans l'attribut `EAP-Message` qui encapsule le protocole MS-CHAPv2. Il parcourt la section Authorize, interroge *users* avec `User-Name=Dupont` et construit toujours la même liste de reply-items.

6 Puis, il passe à la section Authenticate où `EAP-Message` est interprété pour en extraire l'identité interne qui est copiée dans `User-Name` (donc Durand).

7 Authorize est à nouveau parcourue mais cette fois la base est interrogée avec `User-Name=Durand`. Rien n'est rajouté dans la liste des reply-items.

8 Authenticate est à nouveau parcourue pour finir l'authentification et envoyer un paquet Access-Accept avec la liste des reply-item, qui contient l'attribut `Tunnel-Private-Group-Id=3`. Donc le VLAN autorisé sera le numéro 3.

Figure 7-4

Processus d'authentification
EAP/PEAP de FreeRadius

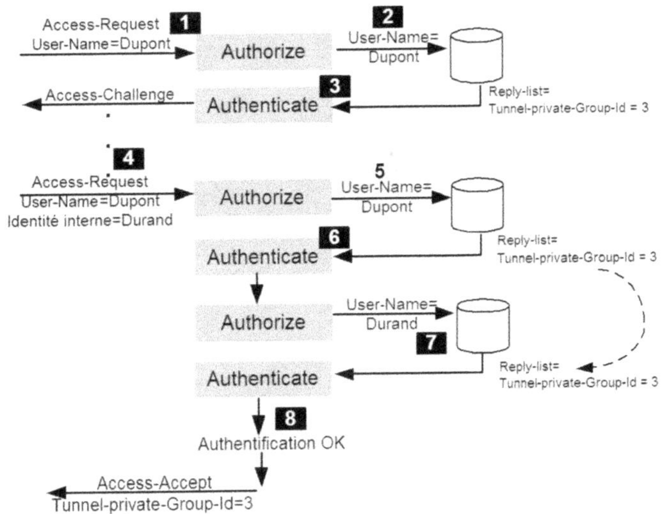

copy_request_to_tunnel et use_tunneled_reply

Lorsqu'un paquet Access-Request arrive au serveur, il contient d'autres attributs que
`User-Name`. Par exemple, `Calling-Station-Id` qui contient l'adresse MAC du poste
de travail qu'il est intéressant d'utiliser comme check-item. Dans ce cas, une entrée
du fichier *users* aura le format suivant :

```
DupontAuth-Type := EAP,Calling-Station-Id == "010203040506"
        Tunnel-Type = VLAN,
        Tunnel-Medium-Type = 802,
        Tunnel-Private-Group-Id = 3
```

Avec EAP, lorsque la base est interrogée avec l'identité externe à l'étape 7 de la figure
7-4, les request-items ne sont pas directement disponibles. Donc les entrées spéci-
fiant des check-items ne pourront jamais être validées et les requêtes seront rejetées.

En supposant qu'une entrée puisse être validée, la liste des reply-items constituée,
toujours à l'étape 7, ne sera jamais utilisée et seule la liste construite à l'étape 5 sera
prise en compte.

En écrivant `copy_request_to_tunnel=yes` et `user_tunneled_reply=yes`, on peut
changer ce comportement. Pour l'expliquer il faut reprendre le modèle en couche
décrit au chapitre 6 sur la figure 6-1 et revu sur la figure 7-5.

Lorsqu'un paquet Acces-Request arrive, il remonte jusqu'à la couche Radius où il est
traité. La liste des request-items est disponible dans cette couche. L'interrogation de
la base (étape 5 de la figure 7-4) permet de disposer d'une liste de reply-items.

Figure 7–5
Copy_request_to_tunnel et
Use_tunneled_reply

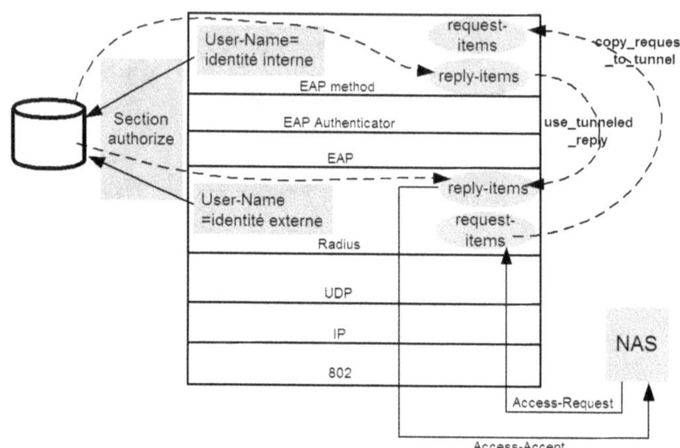

L'attribut EAP-Message contenu dans l'Access-Request est traité (figure 7-4, étape 6).
Cela consiste à faire remonter le paquet EAP jusqu'à la couche EAP Method.

Si copy_request_to_tunnel=yes, la liste des request-items disponible dans la couche
Radius est remontée dans la couche EAP-Method.

L'interrogation de la base (figure 7-4, étape 7) renvoie une liste de reply-items. Si
use_tunneled_reply=yes, alors elle est rajoutée à la liste des reply-items déjà constituée au niveau de la couche Radius. Ensuite, le paquet Access-Accept peut être renvoyé avec cette liste de reply-items.

Configuration du module ttls.

Toujours dans le fichier *eap.conf* on écrira :

```
ttls {
   default_eap_type = mschapv2
   copy_request_to_tunnel = yes
   use_tunneled_reply = yes
}
```

La configuration de ce module est très semblable à celle de PEAP. On devra indiquer
dans l'item default_eap_type le protocole préféré du serveur.

Dictionnaires

Le répertoire */usr/share/local/freeradius/dictionnary* regroupe tous les dictionnaires
d'attributs connus de FreeRadius. On y trouve les dictionnaires des fabricants (VSA)
mais aussi les attributs internes.

Le fichier *dictionnary.freeradius.internal* permet de connaître tous les attributs utilisables ainsi que leurs valeurs possibles. Par exemple, on y trouvera toutes les valeurs que peut prendre le config-item Auth-Type.

Les autres fichiers de configuration

Il existe d'autres fichiers de configuration dont l'usage dépend des spécificités du site sur lequel FreeRadius sera déployé.

Proxy.conf

Le but de cette configuration est de définir comment une requête est re-routée vers un autre serveur Radius. Cela introduit la notion de domaine (realm). En effet un identifiant peut être préfixé ou suffixé par un nom de domaine. Le fichier *proxy.conf* permet de faire la relation entre ce nom de domaine et le serveur distant qui est apte à répondre à ces requêtes.

> DÉFINITION **Royaumes, domaines et NAI**
>
> FreeRadius utilise le terme **realm** (royaume) pour désigner ce que nous traduisons par domaine. Cette notion consiste à définir un serveur Radius comme gestionnaire d'un domaine, c'est-à-dire d'un ensemble d'identifiants qu'il est capable d'authentifier. Un serveur Radius peut être configuré pour rediriger les requêtes vers un autre serveur Radius gestionnaire d'un autre domaine. On parle alors de délégation d'authentification.
>
> Pour mettre en œuvre cette redirection, un poste client doit envoyer son identifiant préfixé ou suffixé par le nom du domaine dans lequel il est connu. Le délimiteur utilisé est, en général, '/' pour un domaine en préfixe (domaine/identifiant) ou bien un '@' pour un domaine en suffixe (identifiant@domaine).
>
> Cette dernière notation est un format standard appelé **NAI** (*Network Access Identification*) défini dans la RFC 4282.
>
> L'utilisation des domaines permet à des utilisateurs se trouvant en déplacement sur d'autres sites de s'authentifier sur ces réseaux en spécifiant leur identifiant et leur domaine de rattachement. Pour que cela fonctionne, il est nécessaire que les administrateurs des deux sites (ou plus) s'entendent pour paramétrer correctement les fichiers *proxy.conf* et *clients.conf*. Les projets ARREDU (*Authentication & Roaming for Research and EDUcation*) et EduRoam (*EDUcation ROAMing*) sont deux exemples de déploiement de telles solutions.

Domaine en préfixe

Supposons que l'on veuille traiter des identifiants du type mondomaine.org/nomutilisateur, on écrira dans *radiusd.conf* :

```
realm mondomaine {
    format = prefix
    delimiter = "/"
    ignore_default = no
    ignore_null = no
    }
```

Puis, il faudra ajouter le module mondomaine dans la liste des modules de la section Authorize.

Dans le fichier *proxy.conf* on écrira :

```
realm mondomaine {
  type = radius
  authhost = serveurradius.mondomaine.org:1812
  accthost = serveurradius.mondomaine.org:1813
  secret = secret-partagé
}
```

Du côté du serveur serveurradius.mondomaine.org, il faudra déclarer dans son fichier *clients.conf* le serveur qui lui envoie des requêtes avec le secret partagé, comme pour un NAS.

Un serveur FreeRadius peut aussi utiliser *proxy.conf* pour re-router une requête vers lui-même. Cette manœuvre a pour but d'éliminer d'éventuels préfixes non désirés.

C'est le cas lorsqu'on configure le supplicant d'un poste de travail Windows pour provoquer l'authentification au démarrage de la machine, et non pas lorsqu'un utilisateur se connecte. Nous reviendrons plus en détail sur cette possibilité au chapitre 9 mais on peut déjà dire que l'identifiant envoyé est préfixé par le mot-clé « host/ ». Avec une authentification par certificat, l'identifiant sera donc « host/CN-du-Certificat ».

Pour éliminer le préfixe, il faut écrire dans *radiusd.conf* :

```
realm host {
    format = prefix
    delimiter = "/"
    ignore_default = no
    ignore_null = no
}
```

Dans la section Authorize, il faut rajouter le module `host` et écrire dans *proxy.conf* :

```
realm host {
    type = radius
    authhost = LOCAL
    accthost = LOCAL
}
```

Lorsque la requête arrive, l'attribut `User-Name` contient host/CN-du-certificat. Après le traitement proxy, `User-Name` contient toujours la même chose et le config-item `Stripped-User-Name` contient l'identifiant sans le préfixe, donc ici le CN du certificat. La base d'authentification est alors interrogée avec ce dernier attribut.

Domaine en suffixe

Supposons que trois sites à Marseille, Bordeaux et Paris s'entendent pour réaliser entre eux des délégations d'authentification. Sur le site de Marseille on pourra écrire dans *radiusd.conf* :

```
realm Bordeaux {
    format = suffix
    delimiter = "@"
    ignore_default = no
    ignore_null = no
    }
realm Paris {
    format = suffix
    delimiter = "@"
    ignore_default = no
    ignore_null = no
    }
```

Ces deux instances du module `realm` définissent les domaines Bordeaux et Paris qu'il faut appeler dans la section Authorize.

On écrira ensuite les lignes suivantes dans le fichier *proxy.conf* :

```
realm Bordeaux {
    type = radius
    authhost = radius.Bordeaux.org:1812
    accthost = radius.Bordeaux.org:1813
    secret = secret-partagé
}
realm Paris {
    type = radius
```

```
  authhost = radius.Paris.org:1812
  accthost = radius.Paris.org:1813
  secret = secret-partagé
}
```

Lorsque le supplicant d'un poste de travail sur le site de Marseille enverra une identité de la forme *dupont@Bordeaux*, le serveur Radius déléguera l'authentification au serveur `radius.Bordeaux.org` où l'utilisateur est censé être connu. De même, si l'identité fournie est *dupont@Paris*, c'est le serveur de Paris qui devra réaliser l'authentification.

Quant aux attributs d'autorisation comme les VLAN, ils seront gérés localement de façon à être compatibles avec l'architecture réseau du site où se connecte le poste de travail.

Chacun des trois sites devra enregistrer les deux autres dans le fichier *clients.conf* avec des secrets partagés.

Huntgroups

Ce fichier de configuration permet une authentification conditionnée par le port de connexion d'un poste de travail.

Dans *huntgroups*, on nomme des plages de ports des équipements réseau et on liste les utilisateurs (par leur identifiant) qui peuvent se connecter sur ces ports. Bien sûr, cette possibilité n'est valable que pour des commutateurs puisque avec le sans fil les numéros de ports ne sont pas prédictibles.

Une entrée dans *huntgroups* a le format suivant :

```
PORT1015 NAS-IP-Address == 172.16.0.2, NAS-PORT-ID == 10-15
         dupont,
         durand
```

où il est déclaré que PORT1015 est le nom des ports 10 à 15 du commutateur d'adresse IP 172.16.0.2, sur lesquels seuls les identifiants `dupont` et `durand` peuvent se connecter.

Et dans *users* on pourra écrire par exemple :

```
DEFAULT  Auth-Type := Accept, Huntgroup-Name == PORT1015
```

Qui signifie que seront systématiquement authentifiés les utilisateurs connectés sur les ports 10 à 15 du commutateurs 172.16.0.2,. à condition que l'identité présentée soit dupont ou durand.

Les variables

Les fichiers de configuration utilisent très fréquemment des affectations de la forme :
`check_cert_cn=%{User-Name}`.

La forme `%{...}` permet de récupérer dynamiquement des valeurs d'attributs, de reply-item, de request-item, de check-item ou encore de config-item.

Syntaxe

```
%{nom-de-l'attribut} ou bien %{request:non-de-l'attribut}
```

Permet d'obtenir les valeurs des attributs de type request-item.
Exemple : `%{User-Name}`

```
%{reply:non-de-l'attribut}
```

Permet d'obtenir les valeurs des attributs de type reply-item.
Exemple : `%{reply:Tunnel_Private_Group_Id}`

```
%{check:nom-de-l'attribut}
```

Permet d'obtenir les valeurs des attributs de type check-item.
Exemple : `%{check:Calling-Station_id}`

```
%{config:section:sous-section:attribut}
```

Permet d'obtenir les valeurs des attributs de type config-item.
Exemple : `%{config:modules.eap.default_eap_type}`.

Syntaxe conditionnelle

La syntaxe que nous avons vue précédemment renvoie soit la valeur de l'item, soit rien si ce dernier n'existe pas. Le format suivant permet d'écrire une liste d'items et c'est la valeur du premier qui existe qui sera renvoyée :

```
%{item1:-%{item2}}
```

Si `item1` existe, sa valeur est renvoyée. S'il n'existe pas, c'est la valeur de `item2` qui est renvoyée, si elle existe.

Si nous reprenons l'exemple du paragraphe « proxy.conf », pour configurer le module tls et utiliser l'item check_cert_cn il faudra écrire :

```
check_cert_cn=%{Stripped-User-Name:-%{User-Name}:-none}
```

Ce qui signifie que si Stripped-User-Name existe, c'est sa valeur qui est renvoyée (l'identité sans le préfixe host).
Si Stripped-User-Name n'existe pas, alors c'est la valeur User-Name qui est renvoyée.
Si, finalement, User-Name n'existe pas, c'est la chaîne « none » qui est renvoyée (bien que ce cas ne devrait jamais arriver).

Exécution de programmes externes

Il est possible de lancer des programmes « maison » à divers moments du processus. Pour cela il faut utiliser le module exec ou les attributs Exec-Program et Exec-Program-Wait.

Par exemple, on peut écrire dans le fichier *users* :

```
Dupont Auth-Type := EAP,Calling-Station-Id == "010203040506"
      Tunnel-Type = VLAN,
      Tunnel-Medium-Type = 802,
      Tunnel-Private-Group-Id = `%{exec:/root/getvlan}`
```

La valeur de Tunnel-Private-Group-Id sera renvoyée par le programme */root/getvlan*. Lorqu'il prend la main, il reçoit la liste des request-items dans des variables portant les mêmes noms que les attributs, mais passés en majuscules. Les tirets (-) sont remplacés par des soulignés (_). Pour connaître la liste des attributs passés, il suffit d'exécuter le programme une première fois avec la commande printenv > /tmp/env. On récupérera dans ce fichier la liste des variables d'environnement. Par exemple :

```
CALLED_STATION_ID="0013.1940.d960"
CALLING_STATION_ID="0090.4b86.1313"
SERVICE_TYPE=Login-User
EAP_TYPE=PEAP
NAS_PORT=70734
NAS_IDENTIFIER="maborne"
NAS_PORT_TYPE=Wireless-802.11
MESSAGE_AUTHENTICATOR=0x89a29931fec63f21195bb747cff406af
USER_NAME="dupont"
STATE=0xdc07fc01559a3c25c27449d907a5798c
EAP_MESSAGE=0x020a0050190017030100202021b3abd41f452d7e8e99685e2d3d1526e17
8ccd3bdb8534b41564ae6677350671703010020e1f084ab46fd3f60943344f41256c4af
c552e0b507038e33fc26d166516b018a
```

```
FRAMED_MTU=1400
NAS_IP_ADDRESS=10.63.10.3
CLIENT_IP_ADDRESS=10.63.10.3
```

Le programme `getvlan` pourra ainsi positionner le numéro de VLAN en fonction
des attributs qu'il reçoit (par exemple en fonction du nom de l'utilisateur ou du type
de protocole EAP) :

```
#getvlan
#!/bin/sh
  << instructions >>>
echo -n $vlan        # où $vlan aura reçu la valeur du vlan dans les
instructions du programme
exit
```

Pour le même exemple on peut aussi écrire dans *users* :

```
Dupont Auth-Type := EAP,Calling-Station-Id == "010203040506"
       Tunnel-Type = VLAN,
       Tunnel-Medium-Type = 802,
       Exec-Program-Wait = /root/getvlan
```

et dans ce cas getvlan sera :

```
#getvlan
#!/bin/sh
  << instructions >>>
echo "Tunnel-Private-Group-Id = $vlan"
# où $vlan aura reçu la valeur du vlan dans les instructions du programme
exit
```

Bien sûr, ce qui est fait ici pour l'exemple avec `Tunnel-private-Group-Id` pourra être
fait avec n'importe quel reply-item.

Pour que cela fonctionne, il faut que le module exec soit déclaré. Ce qui, en principe,
est le cas dans le fichier *radiusd.conf* livré avec FreeRadius.
Il est aussi possible de créer des instances du module exec.
Supposons que l'on souhaite, pour chaque authentification, envoyer un message dans
le fichier de journalisation indiquant l'adresse MAC du poste, l'identifiant utilisé,
l'équipement réseau, le port et le VLAN affecté. On peut déclarer le module suivant
dans *radiusd.conf* :

```
exec loginfo {
  wait = yes
```

```
    program = "/root/loginfo %{Calling-station-Id} %{NAS-IP-ADDRESS}
               %{NAS-PORT} "
  input_pairs = reply
  output_pairs=none
  packet_type = Access-Accept
}
```

Program indique où se trouve le programme à exécuter et les paramètres passés. Ici on passe des request-items.

- input_pairs=reply indique que les reply-items seront passés comme variables d'environnement dans le programme.

- output_pairs=none stipule qu'il n'y aura pas d'attributs retournés.

- packet-type=Access-Accept indique que le programme sera exécuté pour les paquets de type Acess-Accept.

Dans la section Post-Auth on ajoutera l'appel au module loginfo.

```
post-auth {
    loginfo
    }
```

Le programme loginfo sera :

```
#!/bin/sh
CALLING_STATION_ID=$1
NAS_IP_ADDRESS=$2
NAS_PORT=$3
logger "MAC Address=${CALLING_STATION_ID} \
  VLAN= ${TUNNEL_PRIVATE_GROUP_ID//'"'/} \
  NAS=${NAS_IP_ADDRESS} PORT= ${NAS_PORT} IDENTIFIANT= ${USER_NAME}"
```

Comme précédemment avec l'exemple getvlan, lorsque le programme prend la main, il reçoit les reply-items dans des variables d'environnement.

8

Mise en œuvre de FreeRadius

Dans ce chapitre, nous allons configurer FreeRadius pour l'authentification par adresse MAC et 802.1X, aussi bien pour des réseaux sans fil que filaires. Nous verrons comment configurer chaque maillon de la chaîne poste de travail - matériel réseau - serveur Radius.

Étant donnée la diversité des équipements réseau présents sur le marché, il n'est pas possible de donner des exemples pour tous ceux qui existent. Nous le ferons pour les commutateurs Cisco Catalyst 2960 et Hewlet-Packard Procurve 2626, les bornes sans fil Cisco de la série Aironet 1200 et Hewlet-Packard Procurve 420. Le plus important est de comprendre les actions à mener et leur sens pour pouvoir les appliquer facilement à d'autres équipements. Afin que les exemples donnés soient les plus concrets possibles nous les appliquerons à un réseau type représenté sur la figure 8-1. Ce réseau correspond au schéma logique de la figure 8-2 où apparaît la segmentation en réseaux virtuels. Le VLAN 20 correspondant à un sous-réseau administratif sur lequel sont placés le serveur FreeRadius, les commutateurs et la borne sans fil. Chaque sous-réseau possède un adressage propre formé d'une plage d'adresses IP et d'un masque de sous-réseau (*netmask*) :

VLAN20: 172.16.20.0/255.255.255.0 passerelle par défaut 172.16.20.1
VLAN2: 172.16.2.0/255.255.255.0 passerelle par défaut 172.16.2.1
VLAN3: 172.16.3.0/255.255.255.0 passerelle par défaut 172.16.3.1
VLAN4: 172.16.4.0/255.255.255.0 passerelle par défaut 172.16.4.1

Les sous-réseaux 2, 3 et 4 sont dédiés aux utilisateurs.

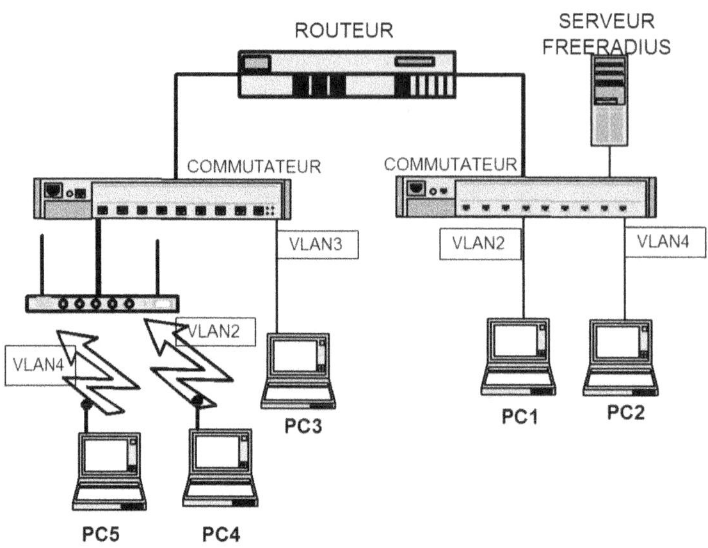

Figure 8–1
Schéma physique
du réseau exemple

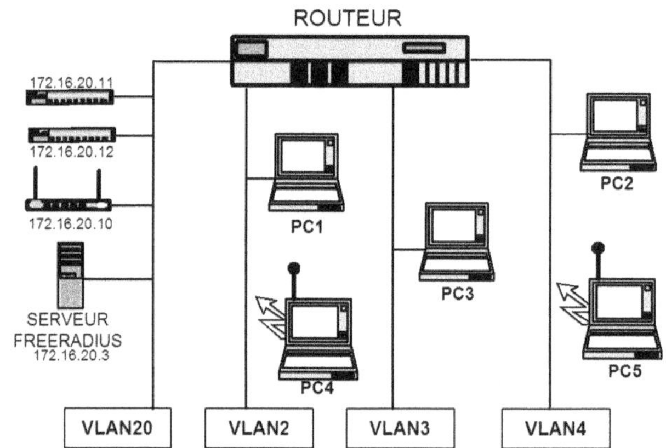

Figure 8–2
Schéma logique
du réseau exemple

Authentification Radius-MAC sur réseau sans fil

Mise en œuvre des bornes

La première opération à mener est de connecter la borne sans fil sur le réseau. Elle devra être connectée sur un commutateur par le biais d'un lien 802.1Q afin d'être en mesure de redistribuer les VLAN vers le réseau filaire.

> SÉCURITÉ **Mise en garde**
>
> Comme dit précédemment, il n'est pas recommandé d'utiliser l'adresse MAC comme seul moyen d'authentification car il ne s'agit pas d'une méthode très sûre sur un réseau sans fil. Néanmoins, il est bon d'en connaître les caractéristiques et la simplicité du protocole permet une première approche qui facilitera ensuite la mise en œuvre de 802.1X.

Du côté du commutateur, le port (18 ici) sur lequel la borne est branchée devra être configuré pour prendre en compte 802.1Q et pour définir le VLAN natif. Ce dernier correspond au VLAN par lequel la borne est accessible pour être administrée.

Connexion de la borne sur un commutateur HP 2626

Sur la console d'administration du commutateur il faut taper les commandes :

```
conf terminal
vlan 20 untagged 18 (20 est le VLAN natif défini sur le port 18)
vlan 2 tagged 18     (autres VLAN « tagués »)
vlan 3 tagged 18
vlan 4 tagged 18
write mem
```

Connexion de la borne sur un commutateur Cisco 2960

Sur la console d'administration du commutateur il faut taper :

```
conf terminal
interface FastEthernet0/18 (sélection du port 18)
 switchport trunk native vlan 20 (VLAN natif)
 switchport mode trunk (802.1Q pour les autres VLAN)
end
write mem
```

Configuration d'une borne HP 420

Pour la première configuration de la borne, il faut commencer par lui donner une adresse IP afin de pouvoir s'y connecter par le réseau. Pour cela, il faut brancher son port série sur celui d'un PC et lancer soit HyperTerminal sous Windows, soit Minicom sous Linux et taper les commandes suivantes :

```
conf
interface ethernet
ip address 172.16.20.10   255.255.255.0      172.16.20.1
```

où 172.16.20.10 est l'adresse IP de la borne (ici sur le VLAN 20).

255.255.255.0 est le netmask du sous-réseau.

172.16.20.1 est l'adresse de la passerelle par défaut.

DÉFINITION **Hyperterminal et minicom**

Ces deux utilitaires, respectivement sous Windows et Linux, sont des émulateurs de terminaux. Ils sont souvent utilisés pour effectuer la première configuration d'un matériel. Celui-ci dispose d'une entrée série qu'il faut connecter sur la sortie série d'un PC. Puis on lance un de ces deux utilitaires. Une configuration est nécessaire pour définir les caractéristiques de la liaison. Les paramètres sont généralement les suivants :

- Bits per sec=9600.
- Data bits=8.
- Parity=none.
- stop bit=1.
- Flow control=none.

Ensuite, il est plus pratique d'utiliser l'interface graphique en tapant dans un navigateur Internet l'URL : http://172.16.20.2 (ou bien le nom DNS correspondant).

En choisissant les onglets Administration puis Management (figure 8-3), il faut activer la gestion dynamique des VLAN (bouton dynamic) et choisir le VLAN administratif (Management VLAN ID). Le bouton Untagged permet de spécifier que ce VLAN est défini comme non « tagué » sur le commutateur sur lequel la borne est branchée.

Figure 8–3
Activation des VLAN
sur borne HP 420

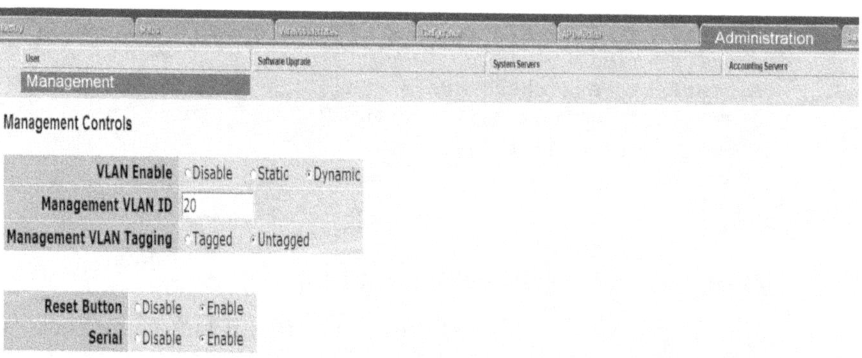

Ensuite, il faut créer le SSID sur lequel les utilisateurs viendront se connecter. Nous l'appellerons « monreseau ». Il faut sélectionner l'onglet Wireless Interfaces qui affiche une première page où est présent un SSID prédéfini par le constructeur. En cliquant sur la touche ADD on obtient la page de la figure 8-4. Là, il faut indiquer le nom du SSID, une éventuelle description, un numéro de VLAN et cocher la case VLAN Tagging.

Il faut être prudent sur le numéro de VLAN. Il s'agit ici du VLAN par défaut sur lequel sera placée une machine si le serveur Radius renvoie un Access-Accept sans spécifier d'attribut `Tunnel-Private-Group-Id`. Cette situation pourrait être volontaire, mais elle pourrait aussi être le résultat d'une erreur dans la base d'authentification/autorisation de FreeRadius. En principe, si on utilise un serveur Radius, c'est qu'on souhaite qu'il commande totalement les autorisations sur les VLAN. Il est donc prudent d'indiquer un VLAN « poubelle », non connecté au reste du réseau. En cas de problème, la machine se trouve donc sur un sous-réseau connecté à rien. Ici, nous avons choisi le VLAN 100.

Avec la case `VLAN tagging`, on spécifie que ce SSID peut gérer l'affectation des VLAN dynamiquement.

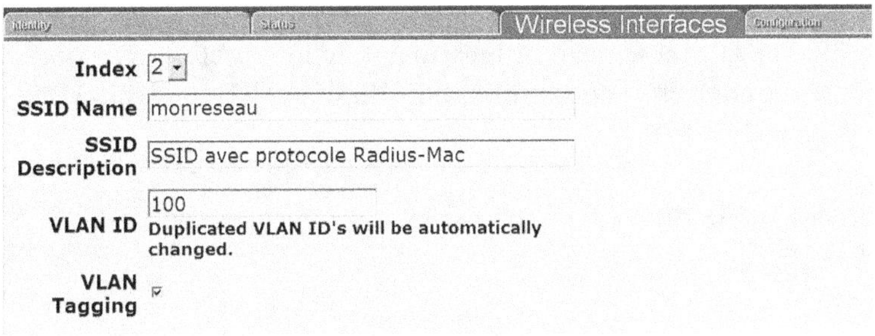

Figure 8–4
Déclaration d'un SSID
dans une borne HP 420

Puisque nous venons d'accepter l'affectation dynamique des VLAN, il faut ensuite déclarer le ou les serveurs Radius. En revenant sur l'onglet `Wireless Interfaces`, sur la ligne correspondant au SSID « monreseau » que nous venons de créer, il faut cliquer sur `MODIFY`, puis l'onglet `Authentication Servers` pour obtenir la page représentée à la figure 8-5.

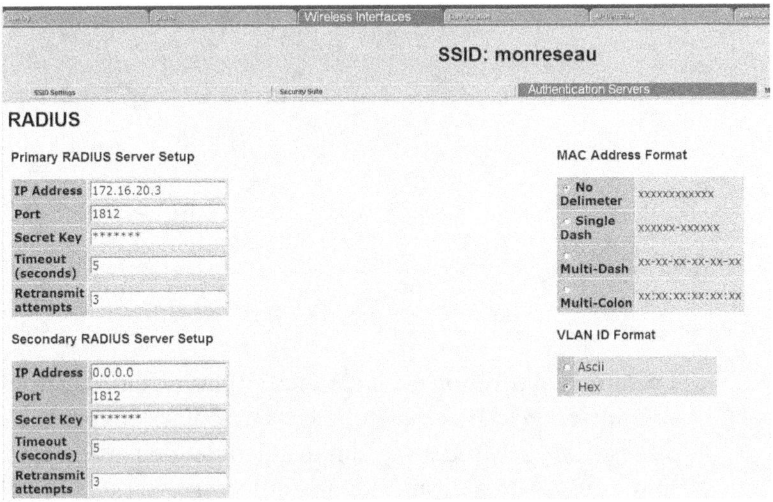

Figure 8–5
Déclaration des
serveurs Radius
dans une borne HP 420

Les paramètres à donner ici sont principalement l'adresse IP du serveur Radius ainsi que le secret partagé que nous avons vu à plusieurs reprises et, notamment au chapitre 7, dans la description du fichier *clients.conf*.

Il est possible de déclarer un serveur Radius secondaire. Si le serveur primaire n'a pas répondu après 3 tentatives (retransmit attempts), chacune attendant 5 secondes (timeouts), alors la borne envoie les requêtes vers le serveur secondaire.

La borne HP permet aussi de choisir un format d'adresse MAC. Ce format est très important car il s'agit de l'adresse MAC envoyée comme identifiant dans l'attribut User-Name. Il devra donc y avoir concordance entre ce format et celui qui sera utilisé dans la base d'authentification comme identifiant d'une entrée. Or, il existe de multiples formats possibles différenciés par le délimiteur présent entre les caractères de l'adresse. Ici nous avons choisi l'option sans délimiteur.

Sur la même page, il faut maintenant sélectionner l'onglet MAC Authentication pour déclarer que l'authentification Radius-MAC est souhaitée (figure 8-6).

Figure 8–6
Déclaration Radius-MAC
sur borne HP420

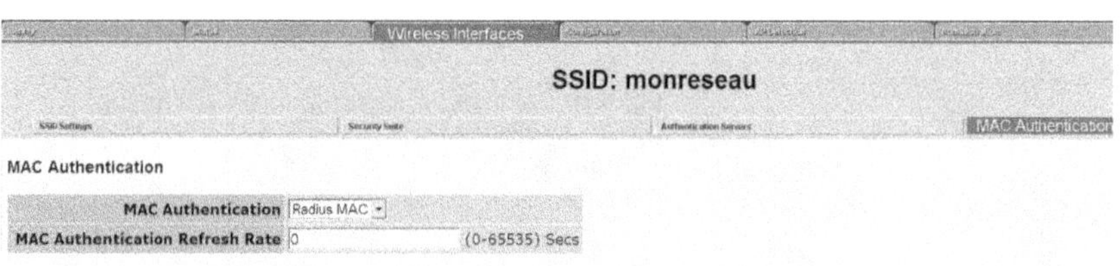

Figure 8–7
Déclaration du chiffrement
sur borne HP 420

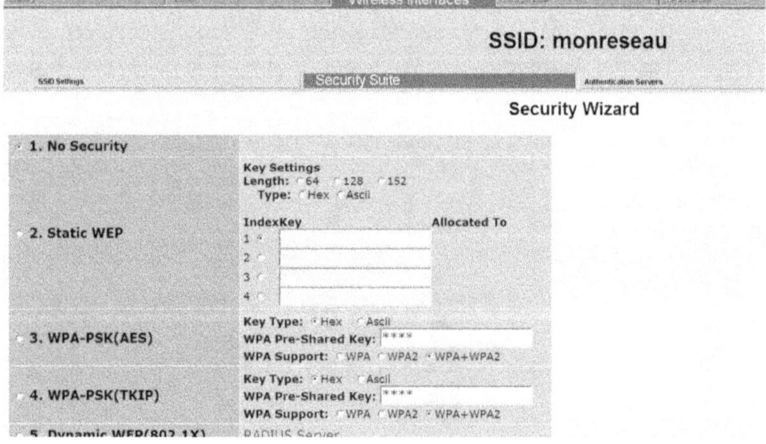

La dernière opération est la déclaration du type de chiffrement souhaité. Il faut bien se rappeler qu'ici on ne met pas en œuvre EAP et que, par conséquent, il n'y a pas de dispositif de génération dynamique des clés de chiffrement. Les possibilités restantes sont, soit pas de sécurité, soit un chiffrement par clés WEP ou WPA-PSK statiques.

Dans les deux cas, cela suppose que les clés soient configurées dans la borne et sur tous les postes client.

Pour obtenir la page correspondante il faut choisir l'onglet Security Suite (figure 8-7).

Configuration d'une borne Cisco Aironet 1200

Avec les bornes Cisco, l'ergonomie des pages d'administration est assez différente mais on y retrouve globalement les mêmes options.

Pour définir l'adresse IP initiale, il faut taper les commandes suivantes, toujours de la même manière, en connectant la borne et un PC par un câble série et avec les utilitaires Hyperterminal ou Minicom.

```
enable
conf terminal
interface BVI1
ip address 172.16.20.10 255.255.0.0
```

où 72.16.20.10 est l'adresse IP de la borne (ici sur le VLAN 20).
255.255.255.0 est le netmask du sous-réseau.
172.16.20.1 est l'adresse de la passerelle par défaut.

BVI (*Bridge Virtual Interface*) est un pont entre l'interface radio et l'interface Ethernet qui permet de « voir » la borne comme si elle n'avait qu'une seule interface.

Ensuite, il est possible de lancer l'interface web par un simple http://172.16.20.10.

Comme avec la borne HP, il faut déclarer le VLAN par défaut. La même remarque que précédemment s'applique, à savoir qu'il s'agit là du VLAN sur lequel sera placé un poste si le serveur Radius renvoie un Access-Accept sans numéro de VLAN. Ici aussi nous choisirons un VLAN « poubelle ».

Contrairement à la borne HP, il faut déclarer explicitement les VLAN qui seront utilisables par les SSID qui seront créés.

Le chemin d'accès à la page de gestion des VLAN est : Services/VLAN.

On déclare d'abord le VLAN d'administration, appelé ici VLAN natif (20), et on clique sur APPLY.

Il faut répéter cette opération pour tous les autres VLAN et obtenir la liste suivante :

Maintenant nous allons créer le SSID et déclarer la méthode d'authentification. Pour cela, il faut se positionner sur la page Security/ssid manager (figure 8-10) :

Le SSID « monreseau» est placé par défaut sur le VLAN 100. Nous avons également choisi que le protocole d'authentification utilisé sera Radius-MAC (with MAC-Authentication).

Figure 8–8
Déclaration des VLAN
dans une Borne Cisco

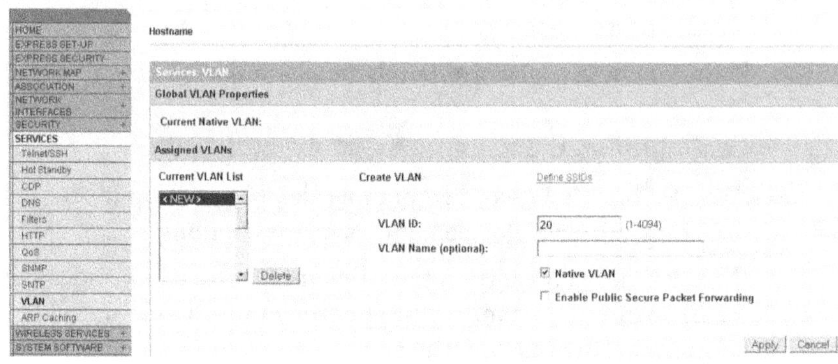

Figure 8–9
Liste des VLAN configurés
sur la borne Cisco

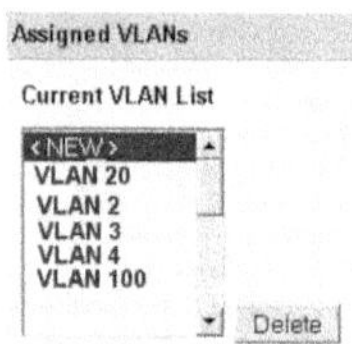

Figure 8–10
Création d'un SSID
avec une borne Cisco

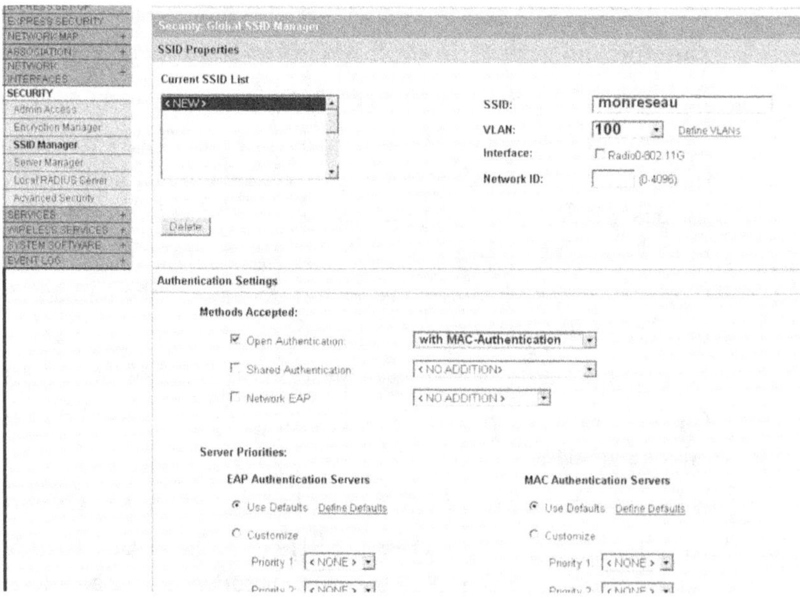

En bas de la page, sous **Server Priorities**, on décrit l'ordre de priorité des serveurs
Radius. Il est possible d'utiliser la politique générale de la borne, sinon on définit une

politique spécifique à ce SSID. Nous allons utiliser la politique par défaut qui se définit sur la page Security/Server manager.

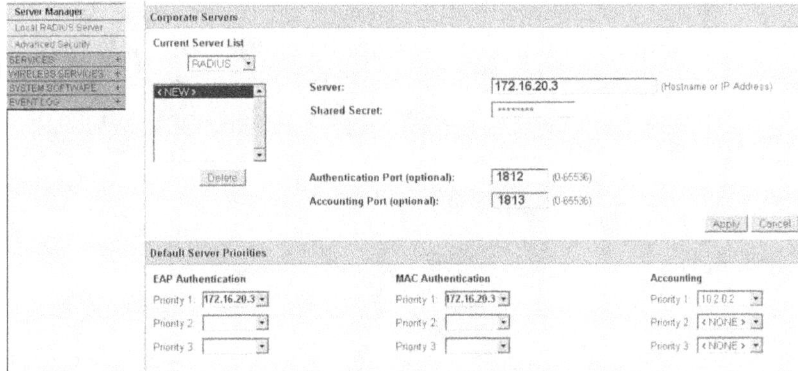

Figure 8–11
Déclaration des serveurs
Radius dans une borne Cisco

Il est possible de déclarer jusqu'à trois serveurs Radius et de leur donner un ordre de priorité. Il est aussi possible d'utiliser des serveurs séparés pour l'authentification EAP et Radius-MAC. L'onglet GLOBAL PROPERTIES de la même page permet d'accéder à d'autres paramètres (figure 8-12).

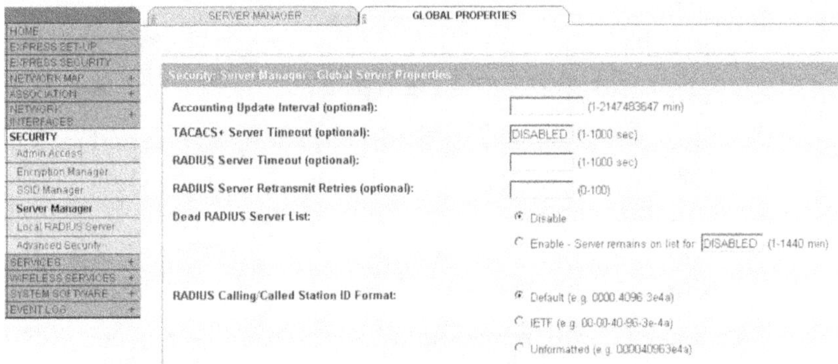

Figure 8–12
Paramètres des serveurs
Radius sur une borne Cisco

Les paramètres Server Timeout et Server Retransmit Retries définissent le temps d'attente d'une réponse du serveur Radius et le nombre de tentatives en l'absence de réponse avant de passer au serveur suivant.

Le paramètre Dead Radius Server List permet de créer une liste de serveurs qui ne répondent plus aux requêtes. Tant qu'un serveur est dans cette liste, la borne ne lui soumet pas de requêtes. Un serveur sort de la liste lorsque le temps spécifié est écoulé.

Le paramètre Calling/Called station ID format définit le type de délimiteur utilisé dans les adresses MAC. Mais attention, il ne s'agit pas de l'adresse MAC lorsqu'elle est envoyée comme identifiant, mais plutôt lorsqu'elle est utilisée dans l'attribut `Calling-Station-Id` (ou `Called-Station-Id`). Le format en tant qu'identifiant est toujours sans délimiteur. Ce comportement est exactement le contraire de la borne HP.

Reste ensuite à faire la déclaration du chiffrement. Avec Radius-MAC il n'y a pas d'autre possibilité que l'absence de chiffrement ou l'utilisation de clés WEP partagées (figure 8-13). C'est la page Security/Encryption manager qui permet cette configuration. Pour chaque VLAN on peut définir une politique de chiffrement.

Figure 8–13
Déclaration du chiffrement
sur borne Cisco

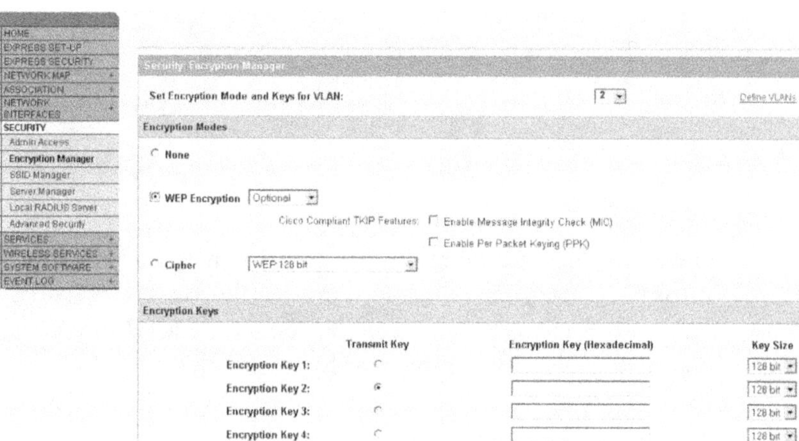

Configuration du serveur FreeRadius

Nous allons ici remplir les fichiers de configuration de FreeRadius en nous focalisant sur les paramètres importants. Un exemple complet du fichier *radiusd.conf* est founi avec la distribution.

Déclaration des bornes

Pour que le serveur FreeRadius puisse traiter les requêtes en provenance des bornes il faut les déclarer dans le fichier *clients.conf*.

```
Client 172.16.20.10 {
    secret = un-mot-de-passe
    shortname = AP
}
```

La borne d'adresse 172.16.20.10 est maintenant définie et le secret partagé entre elle et le serveur est `un-mot-de-passe`.
Il faut créer un bloc identique par borne ou par commutateur.

Configuration de radiusd.conf

Les deux sections Authorise et Authenticate sont les plus importantes à configurer. Dans le cas de Radius-MAC elles sont très simples :

```
authorize {
        chap
        files
}


authenticate {
    Auth-Type CHAP {
        chap
    }
}
```

Avec les bornes Cisco il n'est pas utile de spécifier le module chap. Le mot de passe est directement écrit dans l'attribut User-Password. En revanche, le matériel HP utilise le protocole CHAP.

Configuration du fichier users

Déclarons PC1 et PC2 d'adresses MAC respectives 0020890bb889 et 0013cea89067b et à placer sur les VLAN 2 et 4.

```
0020890bb889 Auth-Type := Local , User-Password == 0020890bb889
             Tunnel-type = VLAN,
             Tunnel-Medium-Type = 802,
             Tunnel-Private-Group-ID = 2
0013cea89067 Auth-Type := Local , User-Password == 0013cea89067
             Tunnel-type = VLAN,
             Tunnel-Medium-Type = 802,
             Tunnel-Private-Group-ID = 4
```

L'adresse MAC (premier champ de la première ligne de chaque entrée), servant d'identifiant, est écrite ici sans délimiteur parce que c'est ce qui a été défini dans la borne HP (figure 8-5) et qui est toujours le cas pour la borne Cisco.

Le mot de passe envoyé dans l'attribut User-Password est toujours l'adresse MAC elle-même et n'a donc pas beaucoup de valeur.

INTEROPÉRABILITÉ   **Format des adresses MAC**

Une adresse MAC est constituée de 6 octets. Il existe plusieurs formats d'écriture qui se différencient par la place et le type du délimiteur entre les octets. Par exemple :
Sans délimiteur : 0013cea89067
Avec délimiteur par bloc de deux octets : 0013.cea8.9067
Avec délimiteur par octets : 00-13-ce-a8-90-67
On peut trouver d'autres combinaisons avec d'autres délimiteurs.
Les formats utilisés par défaut ne sont pas les mêmes pour tous les constructeurs. Aussi, si des bornes de plusieurs constructeurs doivent cohabiter sur le même réseau, il faudra veiller à ce que les formats utilisés pour les adresses MAC soient identiques. Sans quoi, il faudra créer plusieurs entrées par poste dans le fichier *users* pour prendre en compte tous les formats d'adresse MAC possibles sur le site et faire face à toutes les éventualités.

Configuration des postes client

Avec Radius-MAC, la configuration des postes client est très simple puisque pour l'authentification proprement dite il n'y a rien à faire, c'est la borne qui fait tout. La seule chose nécessaire est de configurer l'utilitaire Wi-Fi pour lui demander de se connecter sur le SSID souhaité (ici le SSID *monreseau*). Éventuellement, il faudra entrer une clé WEP pour Windows comme sur la figure 8-14 :

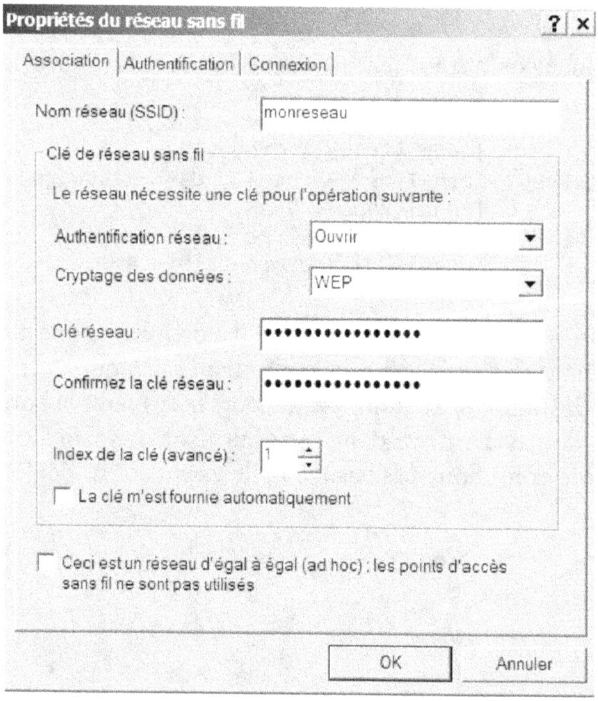

Figure 8–14
Configuration avec clé WEP

Authentification 802.1X sur réseau sans fil

Pour décrire toutes les actions à mener, nous utiliserons le même plan que précédemment.

Configuration des bornes

Connexion des bornes sur des commutateurs HP et CISCO

Il n'y a rien de plus à faire sur les commutateurs sur lesquels sont branchées les bornes que dans le cas Radius-MAC.

Configuration d'une borne HP 420

La plupart des paramètres à entrer sont identiques à ceux décrits pour l'authentification Radius-MAC, c'est-à-dire que les figures 8-3, 8-4 et 8-5 sont toujours valables pour 802.1X. En revanche, sur la figure 8-6 il faut indiquer disable pour Mac authentication.

C'est bien sûr au niveau de la politique de chiffrement qu'interviennent les nouveautés puisqu'il est possible d'utiliser WPA ou WPA2 (figure 8-15).

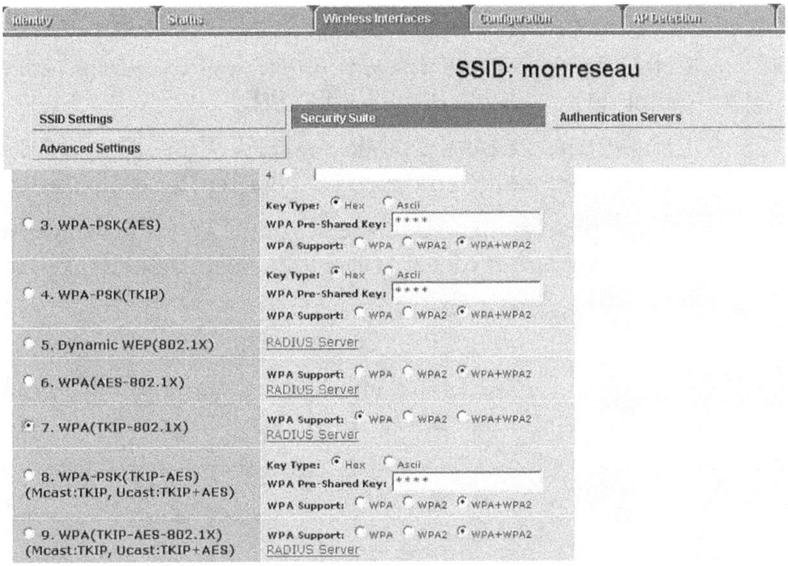

Figure 8–15
Déclaration du chiffrement sur borne HP420 avec 802.1X

Plusieurs suites de chiffrement sont proposées. Cette configuration doit être faite en fonction des capacités des cartes Wi-Fi des postes de travail et de leur supplicant. Ici, la suite 7 a été choisie pour l'usage de WPA avec TKIP.

Configuration d'une borne Cisco Aironet

La déclaration des VLAN (figures 8-8 et 8-9) ainsi que celle du serveur Radius (figures 8-11 et 8-12) sont identiques au cas Radius-MAC.

La création du SSID est différente puisqu'il faut indiquer la méthode d'authentification sur la page Security/Ssid manager (figure 8-16).

Figure 8–16
Création d'un SSID
sur borne Cisco 1200
avec 802.1X

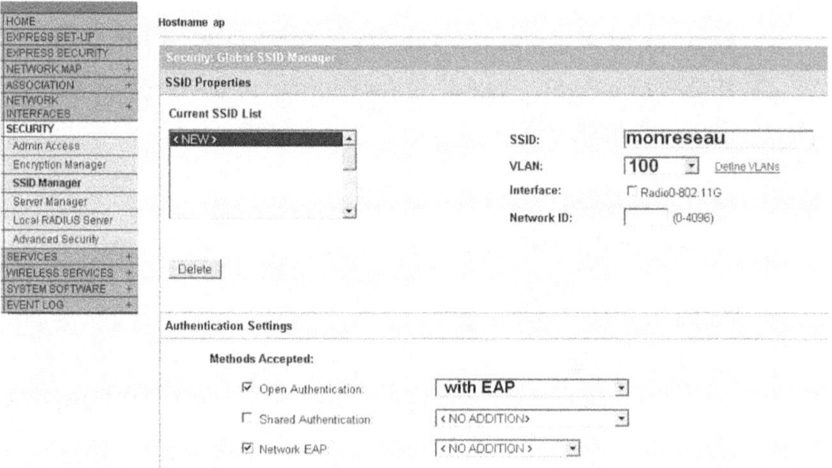

Cette fois, Open Authentication doit être positionné sur with EAP pour indiquer que ce protocole est pris en charge par le SSID.

La ligne Network EAP n'est utile que si les postes client ont des cartes sans fil Cisco car celles-ci gèrent différemment la négociation avec la borne de l'usage d'EAP.

Un peu plus bas sur cette page (figure 8-17), il faut indiquer Mandatory sur la ligne Key Management et cocher la case WPA, pour stipuler qu'une gestion de clé avec WPA est requise.

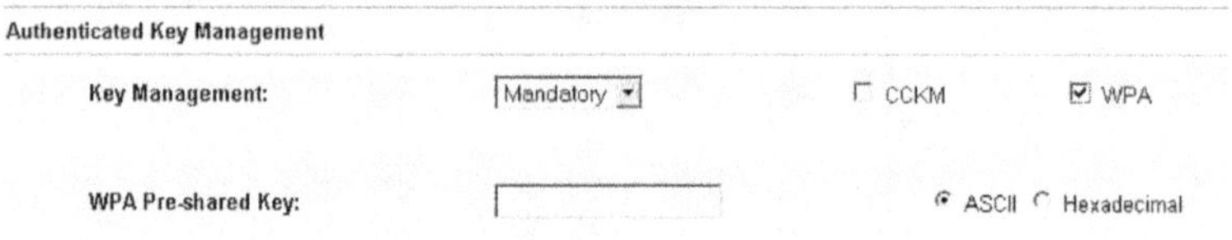

Figure 8–17
Déclaration de gestion
de clés sur borne Cisco 1200
avec 802.1X

Il faut revenir sur la page Security/Encryption Manager pour définir, pour chaque VLAN, la suite de chiffrement à utiliser (figure 8-18). Sur la ligne cipher, le menu déroulant propose plusieurs possibilités. Par exemple, pour utiliser WPA, il faut sélectionner TKIP+WEP 128 bit et pour WPA2, *AES CCMP*.

Figure 8–18

Déclaration du chiffrement sur borne Cisco 1200 avec 802.1X

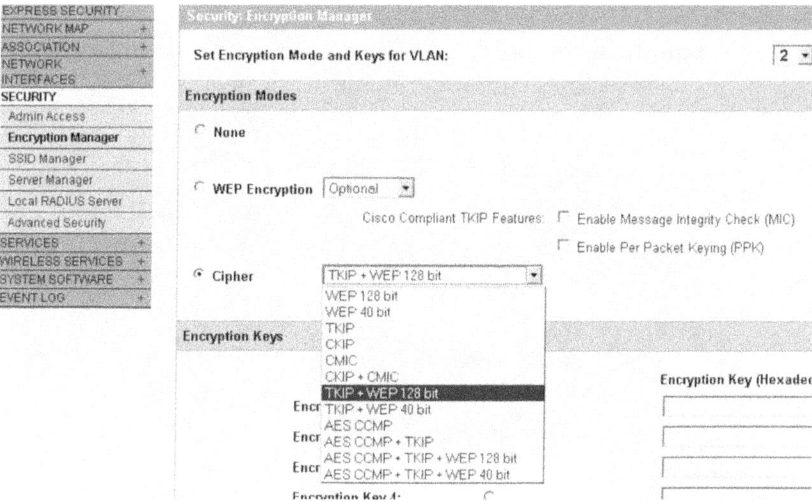

Plus loin sur la même page, d'autres options sont proposées (figure 8-19).

Figure 8–19

Paramètres de rotation des clés de groupes sur borne Cisco 1200

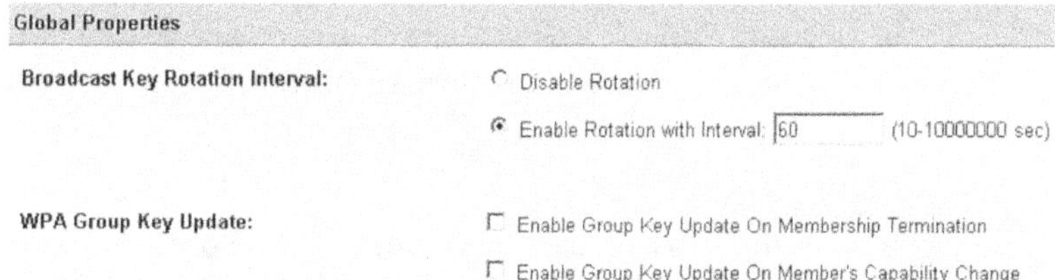

Brodcast Key Rotation Interval permet d'indiquer la fréquence de rafraîchissement de la clé GTK que nous avons vue au chapitre 6 et qui permet de chiffrer le trafic broadcast.

L'option Enable Group Key Update On Menbership Termination permet de provoquer un nouveau calcul de la GTK lorsqu'un poste se déconnecte du réseau. Enable Group Key Update On Member's Capability Change provoque la même opération lorsque le dernier poste connecté et utilisant une clé statique (WEP) se déconnecte.

Configuration du serveur FreeRadius

Déclaration des bornes dans clients.conf

Le fichier *clients.conf* est exactement identique au cas de l'authentification avec Radius-MAC.

Configuration de radiusd.conf

Conformément aux descriptions du chapitre 7, le module eap doit être présent dans les deux sections Authorize et Authenticate.

```
authorize {
        preprocess
        eap
        files
}


authenticate {
   Auth-Type MS-CHAP {
        mschap
   }
   eap
}
```

Le module `mschap` est configuré dans *radiusd.conf* et appelé dans la section Authenticate. Il est utile pour les authentifications PEAP et TTLS afin de valider le mot de passe sur un domaine Windows. La variable importante est `ntlm_auth` qui doit recevoir la commande à exécuter pour interroger le domaine Windows. Le module `mschap` se configure de la manière suivante :

```
mschap {
........
ntlm_auth = "/usr/bin/ntlm_auth --request-nt-key -domain=WIN-DOMAINE -
username=%{Stripped-User-Name:-%{User-Name:-None}}
--challenge=%{mschap:Challenge:-00} -nt-response=%{mschap:NT-Response:-
00}"
...
}
```

Les détails de la commande `ntlm_auth` seront vus au chapitre 10, avec la mise en œuvre des bases de données externes.

Configuration de eap.conf

Dans ce fichier, il faudra dans tous les cas configurer le module `tls`, même si c'est PEAP ou TTLS qui sont utilisés. Tout ces paramètres ont été expliqués au chapitre 7.

```
eap {
   default_eap_type = peap
   timer_expire = 60
   ignore_unknown_eap_types = no
```

```
  tls {
    private_key_password = passphrase
    private_key_file = ${raddbdir}/certs/radius-key.pem
    certificate_file = ${raddbdir}/certs/radius-cert.pem
    CA_file = ${raddbdir}/certs/cademo.pem
    dh_file = ${raddbdir}/certs/dh
    random_file = ${raddbdir}/certs/random
    fragment_size = 1024
    include_length = yes
    Check_cert_cn = %{Stripped-User-Name:-%{User-Name}:-none}
  }
  ttls {
    default_eap_type = mschapv2
    copy_request_to_tunnel = yes
    use_tunneled_reply = yes
  }
  peap {
    default_eap_type = mschapv2
    copy_request_to_tunnel = yes
    use_tunneled_reply = yes
  }
mschapv2 {
  }
}
```

Configuration de users

Il est possible d'envisager plusieurs cas types d'entrées dans la base *users*.

Premier cas

Le supplicant du PC5 demande une authentification EAP/TLS pour un utilisateur dont le CN du certificat est « Jean.Dupont ». Il peut être authentifié et autorisé grâce à l'entrée suivante dans *users* :

```
Jean.Dupont Auth-Type := EAP
            Tunnel-type = VLAN,
            Tunnel-Medium-Type = 802,
            Tunnel-Private-Group-ID = 4
```

Ici, Jean Dupont est toujours autorisé sur le VLAN 4, quel que soit le poste de travail qu'il utilise. Or, suivant les schémas du réseau 8-1 et 8-2, ce n'est pas tout à fait ce qui est souhaité, à savoir que le PC5 doit toujours être placé sur le VLAN 4. Pour obtenir ce résultat, il faut écrire :

```
Jean.Dupont Auth-Type := EAP, Calling-Station-Id == 0001bcd15710
            Tunnel-type = VLAN,
            Tunnel-Medium-Type = 802,
            Tunnel-Private-Group-ID = 4
```

Où 0001bcd15710 est l'adresse MAC de PC5. Cette fois, Jean Dupont ne sera authentifié que si sa requête émane d'une machine dont l'adresse MAC est 0001bcd15710.

Deuxième cas

Monsieur Durand possède un compte dans le domaine Windows configuré dans le module `mschap` de *radiusd.conf*. Le supplicant du PC4 qu'il utilise est configuré pour envoyer Durand comme identifiant avec les protocoles EAP/PEAP ou bien EAP/TTLS.

```
Durand Auth-Type := EAP
      Tunnel-type = VLAN,
      Tunnel-Medium-Type = 802,
      Tunnel-Private-Group-ID = 2
```

Là aussi, monsieur Durand pourra se connecter sur le VLAN 2 depuis n'importe quel poste. Pour y remédier, on peut également utiliser `Calling-Station-Id`.

```
Durand Auth-Type := EAP, Calling-Station-Id == 0002a6e51456
      Tunnel-type = VLAN,
      Tunnel-Medium-Type = 802,
      Tunnel-Private-Group-ID = 2
```

Les deux cas précédents correspondent à une authentification par utilisateur. En croisant l'identifiant avec l'adresse MAC, on relie l'utilisateur et la machine. Cependant, tous les utilisateurs d'une même machine utiliseront le même identifiant. Ce qui n'est pas forcément intéressant.

Troisième cas

Il s'agit d'authentifier la machine elle-même. Nous avons vu que la simple adresse MAC n'est pas suffisamment fiable pour être utilisée comme seul moyen. Une autre méthode consiste à créer un certificat pour chaque machine. Le supplicant est configuré pour EAP/TLS et avec le certificat de la machine. Si le CN du certificat de PC5 est `pc5.demo.org`, on peut alors écrire :

```
pc5.demo.org Auth-Type := EAP, Calling-Station-Id == 0001bcd15710
          Tunnel-type = VLAN,
          Tunnel-Medium-Type = 802,
          Tunnel-Private-Group-ID = 4
```

Il est possible d'affiner l'authentification. Voici deux exemples de config-items (il en existe d'autres).

> CAS PARTICULIER **Windows**
>
> Sous Windows, il est possible de réaliser l'authentification, soit à l'ouverture d'une session utilisateur, soit au démarrage de la machine. Dans ce dernier cas, c'est le champ DNS de SubjectAlternativeName, s'il existe, qui est envoyé à la place du champ CN. Les détails seront vus au chapitre 9, « Configuration des clients 802.1X ».

EAP-Type

```
Durand    Auth-Type := EAP, EAP-Type := PEAP, ....
```

Signifie que Durand ne peut être authentifié qu'avec le protocole EAP/PEAP.

Login-Time

```
Durand    Auth-Type := EAP, Login-Time := « any0700-2000 », ....
```

Signifie que Durand peut s'authentifier tous les jours entre 7h00 et 20h00. En dehors de cette plage, il sera rejeté.

La plage de temps est une chaîne de caractères qui commence par une plage journalière suivie d'une plage horaire.

La plage journalière peut être : Mo, Tu, We, Th, Fr, Sa, Su ou encore Wk qui est équivalent au jour de la semaine (lundi à vendredi) et Any qui est équivalent à n'importe quel jour. Il est aussi possible d'écrire des choses comme Tu-Fr, c'est-à-dire du mardi au vendredi. Plusieurs chaînes peuvent être combinées telle que "Wk08-18, Sa-Su0700-2000", qui permet les connexions de 8h00 à 18h00 les jours de semaine et de 7h00 à 20h00 le week-end.

Authentification Radius-MAC sur réseau filaire

Mise en œuvre des commutateurs

Trois opérations doivent être réalisées sur les commutateurs : l'activation des capacités 802.1X, la déclaration du ou des serveurs Radius et la configuration de chaque port.

Configuration d'un commutateur HP 2626

Déclaration du serveur FreeRadius

```
radius-server host 172.16.20.3 key secret-partagé
aaa port-access mac-based addr-format no-delimiter
```

Le commutateur doit être inscrit dans le fichier *clients.conf* de FreeRadius avec ce secret partagé.

La deuxième commande permet de fixer le type de délimiteur des adresses MAC envoyées comme identifiant pour l'authentification. Les autres choix possibles sont `single-dash` (un '-' au milieu), `multi-dash` (un '-' par paires), `multi-colon` (un ':' par paires).

Il est possible de déclarer d'autres serveurs Radius en tapant plusieurs commandes `radius-server`.

Configuration des ports du commutateur

```
aaa port-acces mac-based 15-20
```

Cette commande spécifie que les ports 15 à 20 sont sous le contrôle d'une authentification par adresse MAC. Il est parfaitement possible de combiner les types d'authentification : Radius-MAC pour certains ports et 802.1X pour d'autres.

Gestion des échecs

```
radius-server timeout 5
radius-server retransmit 3
radius-server dead-time 10
```

Ces commandes permettent de définir les actions à prendre si un serveur Radius ne répond pas. Ici, on déclare que le délai d'attente est de 5 secondes et 3 tentatives seront réalisées. Après quoi, le serveur est placé dans une liste de serveurs inaccessibles pendant un délai de 10 minutes (*dead-time*).

Configuration d'un commutateur Cisco 2960

Sur les commutateurs Cisco, il n'est pas possible de configurer uniquement l'authentification par adresse MAC. En revanche, il est possible d'utiliser un mode appelé *MAC authentication bypass* qui, en cas d'échec de l'authentification 802.1X, bascule sur une authentification par adresse MAC. Cela sera décrit au paragraphe « Authentification 802.1X sur réseau filaire ».

Configuration du serveur FreeRadius

Le serveur FreeRadius se configure exactement comme dans le cas de l'authentification Radius-MAC sur réseau sans fil vue précédemment. Il faut simplement penser à rajouter l'adresse IP du commutateur avec le secret partagé dans le fichier *clients.conf.*

Configuration des postes client

Il n'y a strictement rien à faire sinon brancher le poste de travail sur un port du commutateur. Celui-ci détecte la présence du poste et déclenche l'authentification.

Authentification 802.1X sur réseau filaire

Les différences de configuration avec l'usage de 802.1X sur le sans fil se situent principalement au niveau de l'équipement réseau et du poste de travail. Pour ce dernier, les paramètres seront détaillés au chapitre 9, « Configuration des clients 802.1X ». En ce qui concerne le serveur FreeRadius, tout est identique aux configurations vues dans le cas du Wi-Fi.

Pour les commutateurs, il reste à activer le mode 802.1X et à choisir les ports qui seront contrôlés par ce protocole.

Configuration d'un commutateur HP 2626

Pour activer 802.1X il faudra taper :

```
conf
aaa authentication port-access eap-radius
aaa port-access authenticator active
```

Et la commande suivante déclare que les ports 10 à 14 sont sous contrôle de 802.1X :

```
aaa port-access authenticator 10-14
```

Sans oublier, si cela n'a pas déjà été fait, qu'il faut déclarer, comme suit, le serveur FreeRadius et les actions en cas d'absence de réponse :

```
radius-server host 10.4.0.3 key secret-partagé
radius-server timeout 5
radius-server retransmit 3
radius-server dead-time 10
```

Configuration d'un commutateur Cisco 2960

Pour activer 802.1X pour l'ensemble du commutateur et déclarer le serveur Radius :

```
aaa new-model
aaa authentication dot1x default group radius
```

```
dot1x system-auth-control      (active 802.1X pour tout le commutateur)
aaa authorization network default group radius
radius-server host 172.16.20.3 auth-port 1812 key secret-partagé
```

Pour chaque port qui doit être sous contrôle 802.1X, les commandes suivantes doivent être passées :

```
interface fastEthernet 0/n    (où "n" est le numéro de port)

switchport mode access
dot1x port-control auto
```

On pourra également donner les paramètres de gestion de l'absence de réponse du serveur Radius :

```
radius-server dead-criteria time 5 tries 3
radius-server deadtime 10 minutes
```

Ce qui signifie que chaque tentative a un délai d'attente de 3 secondes et qu'au bout de 5 tentatives, le serveur est placé dans une liste de serveurs inaccessibles pendant 10 minutes.

> REMARQUE **MAC authentication bypass**
>
> Le commutateur Cisco 2960 ne dispose pas de moyen pour définir directement une authentification Radius-MAC. En revanche, il est possible d'activer un mode appelé *MAC authentication bypass* qui, après avoir tenté une authentification avec 802.1X, se replie sur une authentification Radius-MAC. Dès le branchement du poste de travail sur un port, le commutateur détecte sa capacité ou non à soumettre une authentification 802.1X.
> L'activation de ce mode est fait par port en ajoutant la commande suivante :
> ```
>   interface fastEthernet 0/n    (où "n" est le numéro de port)
>   dot1x mac-auth-bypass
> ```
> Ce mode est très intéressant car il permet de banaliser tous les ports d'un commutateur et donc de ne pas se soucier des capacités des postes de travail. Ceux qui seront capables d'activer 802.1X le feront, sinon une authentification Radius-MAC aura lieu, sans aucune intervention.

Mise en œuvre des certificats

L'utilisation des certificats nécessite l'existence d'une infrastructure de gestion de clés. Si elle existe déjà sur le site, il faudra vérifier que les certificats qu'elle délivre sont compatibles avec l'usage qu'en fait FreeRadius. Si elle n'existe pas, il est relativement aisé d'en créer une.

Format des certificats

Le serveur a besoin de disposer du certificat de son autorité de certification et du sien qui doit être, avec sa clé privée, au format PEM.

Nous supposerons que le certificat de l'autorité est ca-demo.pem. Celui du serveur est radius-cert.pem et la clé privée est radius-key.pem.

Le certificat du serveur doit avoir les caractéristiques suivantes :
- Common Name (CN) : nom de la machine.
- Netscape Cert Type : SSL client, SSL Server.
- X509v3 Extended Key Usage : TLS Web Server Authentication, TLS Web Client Authentication.
- X509v3 Subject Alternative Name : `DNS:nom de la machine` (radius.demo.org).

Sur le poste de travail, en principe, un certificat utilisateur ne contient pas les options SSL server, TLS Web Server ni DNS dans Subject Alternative Name. Un certificat machine a les mêmes caractéristiques que celui du serveur FreeRadius.

Plusieurs autorités de certification et listes de révocation

Précédemment, nous avons vu, dans le fichier *eap.conf*, une configuration possible du module `tls`, soit :

```
tls {
   private_key_password = passphrase
   private_key_file = ${raddbdir}/certs/radius-key.pem
   certificate_file = ${raddbdir}/certs/radius-cert.pem
   CA_file = ${raddbdir}/certs/ca-demo.pem
   dh_file = ${raddbdir}/certs/dh
   random_file = ${raddbdir}/certs/random
   fragment_size = 1024
   include_length = yes
   Check_cert_cn = %{Stripped-User-Name:-%{User-Name}:-none}
}
```

Sous cette forme, la liste des certificats révoqués n'est pas prise en compte et les utilisateurs doivent présenter un certificat issu de la même autorité de certification que le serveur. L'utilisation de `CA_path` permet d'ajouter ces fonctionnalités avec la procédure suivante.

Il faut créer un répertoire */etc/raddb/cacerts* (par exemple) dans lequel sont copiés les certificats des autorités de certification souhaités (fichiers avec extension .pem). On peut également y copier les listes de révocation de chacune des autorités.

Puis, il faut exécuter la commande suivante :

```
C_rehash /etc/raddb/cacerts
```

Cette commande est un programme Perl qui appartient au paquetage openssl.

Si ce répertoire contient les fichiers *ca-demo.pem* et *ca-demo-crl.pem*, le résultat est du type :

```
Doing cacerts/
ca-demo.pem => cabbb5c8.0
ca-demo-crl.pem => cf45a8c8.r0
```

Enfin, le module `tls` doit être écrit en remplaçant la variable `CA_file` par `CA_path` :

```
tls {
   private_key_password = passphrase-de-la-clé-privée
   private_key_file = ${raddbdir}/certs/radius-key.pem
   certificate_file = ${raddbdir}/certs/radius-crt.pem
   dh_file = ${raddbdir}/certs/dh
   random_file = ${raddbdir}/certs/random
   fragment_size = 1024
   include_length = yes
   CA_path = ${raddbdir}/cacerts
   check_crl=yes
   check_cert_cn = %{User-Name}
}
```

Si `check_crl=yes` est présent, alors les listes de révocation de toutes les autorités doivent être présentes. Dans le cas contraire, ces listes ne sont pas prises en compte. Le certificat du serveur doit rester dans un répertoire différent de `CA_path`. À chaque fois qu'un certificat d'autorité ou une liste de révocation est ajoutée ou modifiée, `C_rehash` doit être ré-exécuté.

DÉFINITION **Liste de révocation**

L'administrateur d'une autorité de certification a la possibilité de révoquer des certificats, c'est-à-dire de les annuler. Il constitue ainsi une liste de certificats qui ne sont plus valables. Pour tenir compte de cette liste, il faut la charger sur le serveur afin qu'il puisse la consulter avant d'authentifier un certificat. S'il y est présent, il n'est pas authentifié. Si cette liste n'est pas présente, tout certificat va être authentifié, même s'il a été révoqué.

Création d'une IGC

La création d'une IGC (PKI en anglais) consiste d'abord à créer le certificat et la clé privée de l'autorité, puis a créer les certificats pour les utilisateurs.

L'utilitaire CA est un programme qui permet de gérer une petite IGC. Il est disponible à divers endroits sur Internet, par exemple : http://www.formation.ssi.gouv.fr/stages/documentation/architecture_securisee/ftp/openssl/.

Il faudra l'adapter à son propre site.

Création du certificat de l'autorité

Il faut commencer par créer un répertoire qui sera la racine de la nouvelle autorité, par exemple */root/DEMOIGC*, puis y copier le programme CA et le fichier *openssl.cnf*, récupéré au même endroit.

openssl.cnf doit être modifié comme suit :

```
dir                 = /root/DEMOIGC
certificate         = $dir/ca-demo-cert.pem
private_key         = $dir/private/ca-demo-key.pem
subjectAltName      = DNS:nom-machine
nsCertType          = client,server
keyUsage            = digitalSignature, nonRepudiation, keyEncipherment
extendedKeyUsage = serverAuth, clientAuth
keyUsage            = critical,keyCertSign,cRLSign
```

Il faut également remplir les variables countryName_default, stateOrProvinceName_default, etc., pour ne pas avoir à retaper ces valeurs lors de la création des certificats.

CA doit être modifié comme suit :

```
CATOP=/root/DEMOIGC
CAKEY=./ca-demo-key.pem
CACERT=./ca-demo-cert.pem
SSLEAY_CONFIG="-config ./openssl.cnf"
DAYS="-days 720"      # nbr de jours de validité d'un certificat
CADAYS="-days 7200" # nbr de jours de validité du certificat de
l'autorité
POLICY="-policy policy_anything"
```

L'autorité est créée en passant la commande :

```
CA -newca
```

qui lance le dialogue suivant où les valeurs entre crochets sont celles entrées dans le
fichier *openssl.cnf.*

```
Making CA certificate ...
Using configuration from ./openssl.cnf
Generating a 1024 bit RSA private key
..++++++
.........++++++
writing new private key to '/root/DEMOIGC//private/./ca-demo-key.pem'
Enter PEM pass phrase:
Verifying - Enter PEM pass phrase:
You are about to be asked to enter information that will be incorporated
into your certificate request.
What you are about to enter is what is called a Distinguished Name or a
DN.
There are quite a few fields but you can leave some blankFor some fields
there will be a default value,
If you enter '.', the field will be left blank.
Nom du pays (sur 2 lettres) [FR]
Pays [France]:
Ville [Bordeaux]:
Nom de l'organisation (O=?) [demo]
Nom de la sous-organisation (OU=?) [radius]:
Common Name []:cademo
Adresse email []:root@demo.org
```

La passphrase qui est demandée sera celle qui permettra de déchiffrer la clé privée de
l'autorité. Elle sera demandée pour signer les certificats. Il est donc important de ne
pas la perdre et de préserver sa confidentialité.

Le certificat est créé dans le fichier *ca-demo-cert.pem* et la clé privée dans *private/
ca-demo-key.pem.*

Création d'un certificat utilisateur ou machine

Si on veut créer un certificat machine, la variable `subjectAltName` du fichier
openssl.cnf doit recevoir le nom de la machine. Par exemple : `DNS:pc1.demo.org`. La
variable `extendedKeyUsage` doit contenir `serverAuth` et `clientAuth`.

La commande suivante doit être exécutée :

```
CA -newreq
```

qui donne le dialogue :

```
Generating a 1024 bit RSA private key
....................++++++
..............................................................++++++
```

```
writing new private key to 'newkey.pem'
Enter PEM pass phrase:
Verifying - Enter PEM pass phrase:
You are about to be asked to enter information that will be incorporated
into your certificate request.
What you are about to enter is what is called a Distinguished Name or a
DN.
There are quite a few fields but you can leave some blank
For some fields there will be a default value,
If you enter '.', the field will be left blank.
Nom du pays (sur 2 lettres) [FR]:
Pays [France]:
Ville [Bordeaux]:
Nom de l'organisation (O=?) [demo]:
Nom de la sous-organisation (OU=?) [radius]:
Common Name []:pc1.demo.org
Adresse email []:dupont@demo.org
La requête est dans le fichier newreq.pem
La clé privée associée est dans le fichier newkey.pem
```

Après quoi, l'autorité doit signer ce certificat qui est provisoirement dans le fichier *newcert.pem* et sa clé dans *newkey.pem*.

```
CA -sign
Enter pass phrase for /root/DEMOIGC/private/ca-demo-key.pem: *****
Check that the request matches the signature
Signature ok
The Subject's Distinguished Name is as follows
countryName           :PRINTABLE:'FR'
stateOrProvinceName   :PRINTABLE:'France'
localityName          :PRINTABLE:'Bordeaux'
organizationName      :PRINTABLE:'demo'
organizationalUnitName:PRINTABLE:'radius'
commonName            :PRINTABLE:'pc1.demo.org'
Certificate is to be certified until Jun 1 23:31:50 2008 GMT (720 days)
Sign the certificate? [y/n]:y
1 out of 1 certificate requests certified, commit? [y/n]y
Write out database with 1 new entries
Data Base Updated
Le certificat est dans le fichier newcert.pem
```

Le fichier pourra éventuellement être converti au format PKCS12 en passant la commande suivante :

```
openssl pkcs12 -export -out dupont.p12 -inkey private/newkey.pem -in
newcert.pem
```

9

Configuration
des clients 802.1X

Contrairement à l'authentification Radius-MAC, 802.1X impose un peu plus de paramétrages sur le poste client et ce plus précisemment dans le supplicant. Nous allons détailler ces configurations pour des environnements Microsoft Windows et Linux ainsi que pour des réseaux sans fil et filaires.

Clients Windows

Sous Windows, l'authentification peut intervenir à deux moments : pendant le démarrage de la machine, et donc avant toute connexion d'un utilisateur, ou lorsqu'un utilisateur se connecte et ouvre une session. Dans le premier cas, le réseau est disponible dès que la machine est démarrée et avant même qu'un utilisateur ne se connecte. Dans le deuxième cas, le réseau n'est pas disponible tant qu'un utilisateur n'a pas ouvert une session configurée pour faire la demande d'authentification.

L'authentification au démarrage correspond à une authentification machine dans le sens où elle est valable quel que soit l'utilisateur de cette machine. L'authentification à l'ouverture de session est une authentification individuelle, avec des éléments appartenant à un utilisateur.

Dans un premier temps, nous allons nous placer dans le cas de l'authentification à l'ouverture de session. Puis, nous verrons l'authentification au démarrage.

Windows XP est fourni avec un supplicant dont la configuration est décrite ci-dessous pour les différents cas. Parfois, les cartes sans fil sont livrées avec un autre supplicant, en général plus convivial. Cependant, leur configuration garde globalement, et à quelques différences près, les mêmes caractéristiques que le supplicant intégré à Windows qui a l'avantage d'être toujours présent. En revanche, ce dernier ne propose pas l'authentification TTLS.

> DANS LA VRAIE VIE **Supplicants Windows**
>
> Si l'utilisation des supplicants fournis par les fabricants de cartes implique une utilisation plus conviviviale, la gestion d'un parc risque d'être plus compliquée. En effet, il est rare sur un site que tous les postes soient équipés de cartes identiques. Cette situation nécessitera donc des méthodes de configuration et des documentations à destination des utilisateurs différentes pour chaque constructeur.

Installation des certificats

Pour toutes les méthodes d'authentification TLS, PEAP et TTLS, le certificat de l'autorité de certification du certificat du serveur devra être installé. Pour cela, il suffit de double-cliquer sur le fichier contenant ce certificat et de suivre les instructions de l'assistant d'importation.

Pour TLS, il faut, de surcroît, installer le certificat de l'utilisateur ou de la machine.

Un certificat utilisateur s'installe aussi en double-cliquant sur son fichier et en suivant les instructions de l'assistant d'importation. La figure 9-1 montre une des fenêtres de cet assistant. On y trouve une case à cocher activer la protection renforcée des clés privées. Il est déconseillé de cocher cette case sans quoi le supplicant ne pourra pas utiliser le certificat.

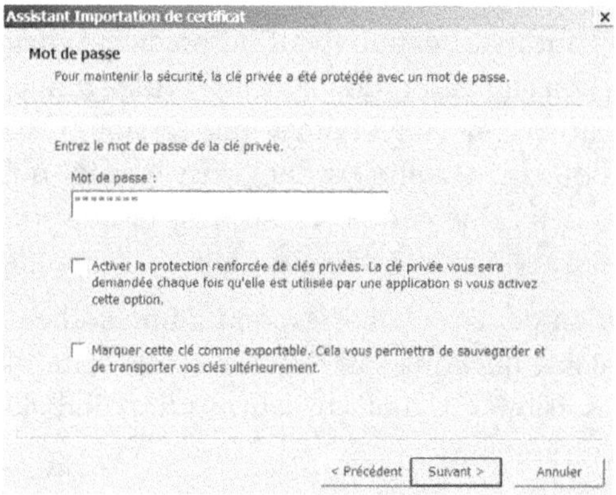

Figure 9–1

Assistant d'importation de certificats sous Windows

Pour un certificat machine, la procédure dépend de l'usage qui en sera fait.

- S'il est configuré dans le supplicant au niveau d'un compte utilisateur, il se comportera comme un certificat utilisateur. Donc, son installation est la même que ci-dessus.

- S'il est configuré dans le supplicant à partir du compte administrateur, et pour une authentification au démarrage, son installation est particulière et sera développée au paragraphe « Authentification au démarrage ».

Les certificats ainsi installés sont déposés dans le magasin de certificats de Windows, accessible par la commande mmc (*Microsoft Management Console*).

Pour avoir accès à ce magasin, à l'ouverture de la première fenêtre de mmc, il faut sélectionner Fichier>Ajouter/Supprimer un composant logiciel enfichable (figure 9-2).

Figure 9–2
Console mmc

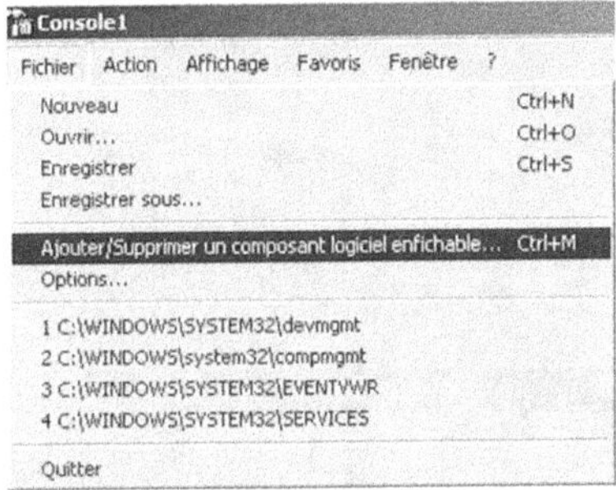

Dans la fenêtre suivante, il faut cliquer sur Ajouter..., puis sélectionner le composant certificats et cliquer à nouveau sur Ajouter (figure 9-3).

Figure 9–3
Ajout de modules enfichables
dans la console MMC

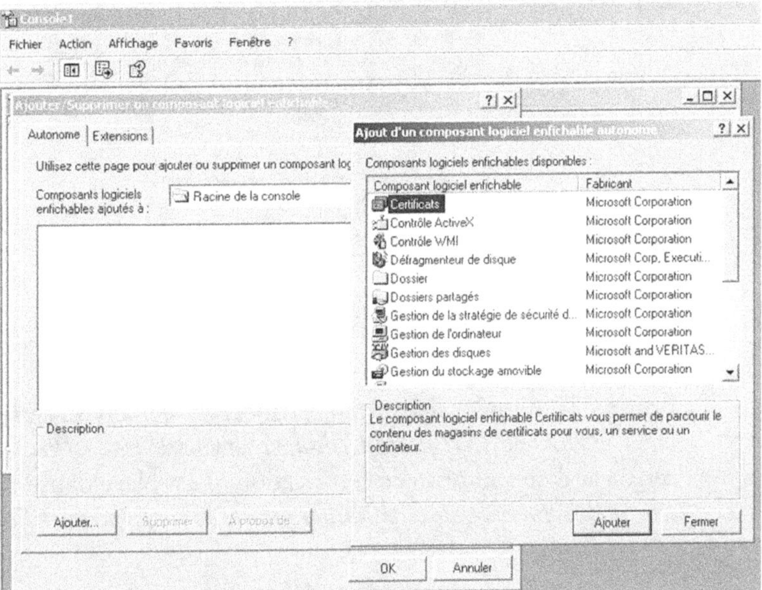

La fenêtre de la figure 9-4 ne s'affiche qu'avec le compte administrateur. Un utilisateur « normal » n'a accès qu'au magasin de certificats Utilisateur actuel, alors que le compte administrateur a aussi accès au magasin Ordinateur local. Donc, avec le compte administrateur, il faut valider la fenêtre avec Mon compte utilisateur, puis refaire l'opération de la figure 9-3, qui affichera à nouveau la figure 9-4, où il faudra sélectionner Le compte de l'ordinateur.

Figure 9–4
Ajout des magasins utilisateur et ordinateur dans mmc

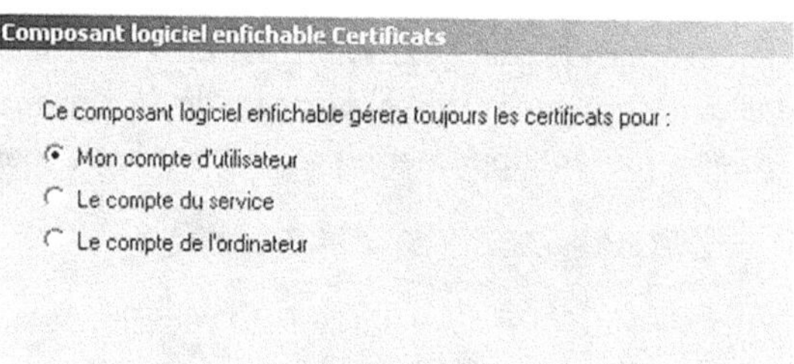

Le résultat de toutes ces opérations est visualisé sur la figure 9-5.

Figure 9–5
Magasins de certificats dans la console mmc

Lorsque l'utilisateur installe un certificat (le sien ou un certificat machine), il est placé dans le dossier *Certificats-Utilisateur actuel/Personnel/certificats*. Lorsqu'il installe le certificat d'une autorité de certification, il est placé dans le dossier *Certificats-Utilisateur actuel/Autorités de certification racines de confiance/certificats*.

Accéder à la configuration du supplicant

Pour accéder à la configuration du supplicant, il faut se placer dans la fenêtre Démarrer>Connexions>Afficher toutes les connexions, et faire un clic droit puis Propriétés sur Connexion réseau-fil (ou bien connexion au réseau local pour un réseau filaire). La fenêtre de la figure 9-6 apparaît. Il faut alors cliquer sur l'onglet Configuration réseaux sans fil (ou bien Authentification sur réseau filaire).

Figure 9–6

Propriétés de connexion réseau

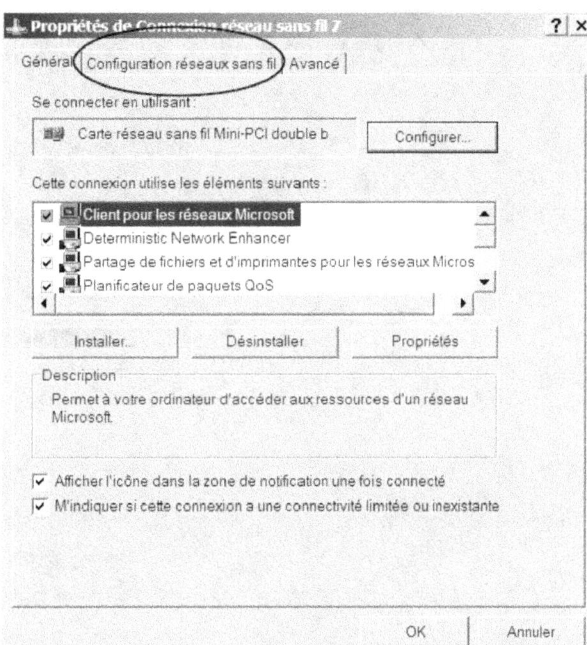

Pour le réseau sans fil, quelques étapes supplémentaires sont nécessaires par rapport au réseau filaire car il faut, en plus, configurer les paramètres de chiffrement du SSID souhaité.

La fenêtre suivante est la première de la configuration du supplicant (figure 9-7). Au départ, il n'y a pas de réseau défini. Il faut que la case Utiliser Windows pour configurer mon réseau sans fil soit cochée. Dans le cas contraire, c'est l'éventuel supplicant livré avec la carte sans fil qui prend la main.

Après avoir cliqué sur Ajouter, on obtient la fenêtre de déclaration du SSID et de la méthode de chiffrement (figure 9-8).

On choisira WPA dans le champ Authentification réseau et TKIP ou AES dans le champ Cryptage des données, suivant que l'on souhaite utiliser WPA ou WPA2. Puis on clique sur l'onglet Authentification pour obtenir la fenêtre de la figure 9-9.

Figure 9–7
Configuration réseaux sans fil

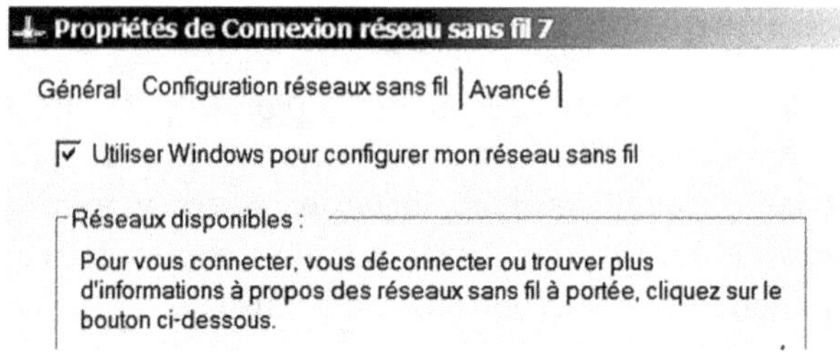

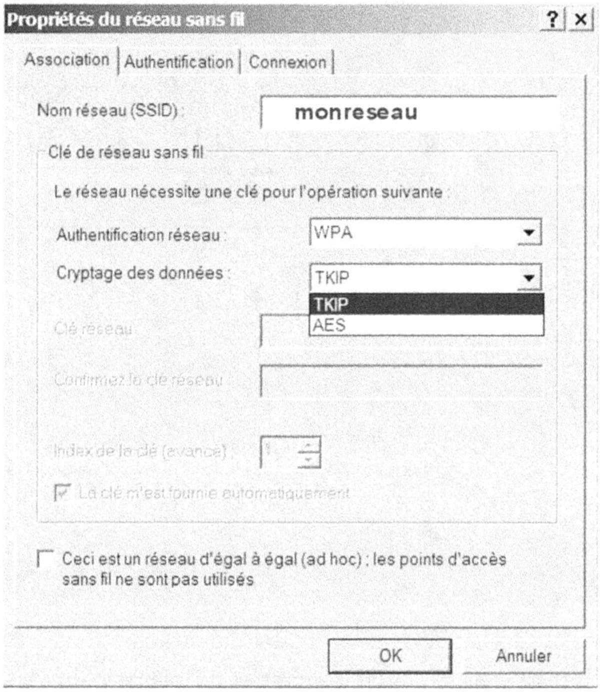

Figure 9–8
Déclaration d'un SSID

Authentification TLS

À partir d'ici, les configurations sont identiques sur réseau sans fil ou filaire.

Pour l'instant, la case Authentifier en tant qu'ordinateur ne doit pas être cochée. Son utilité sera expliquée au paragraphe Authentification au démarrage.
Pour activer TLS, il faut choisir carte à puce ou autre certificat.

La configuration continue par la fenêtre suivante (figure 9-10).

La case Utiliser la sélection de certificat simple demande à Windows d'utiliser le premier certificat qu'il trouve dans le magasin de certificat. Si la case n'est pas cochée, l'utilisateur sera interrogé, lors de la première authentification, pour choisir son certificat.

Figure 9–9
Choix de la méthode
d'authentification

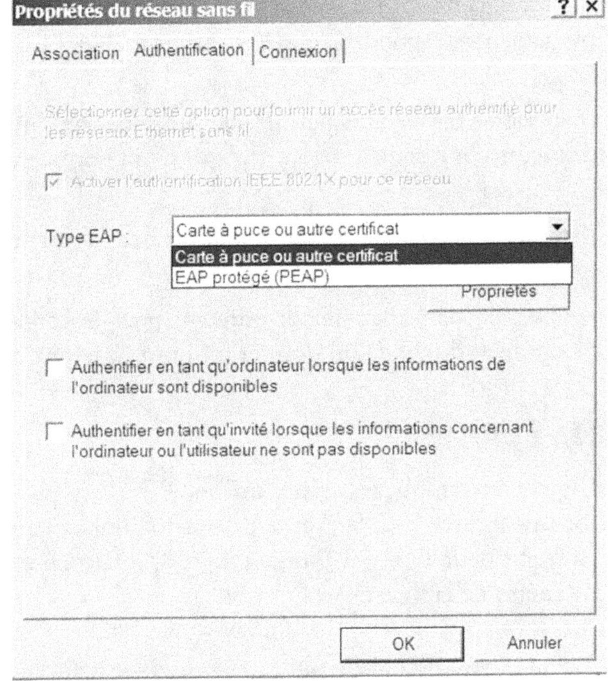

Figure 9–10
Sélection des certificats

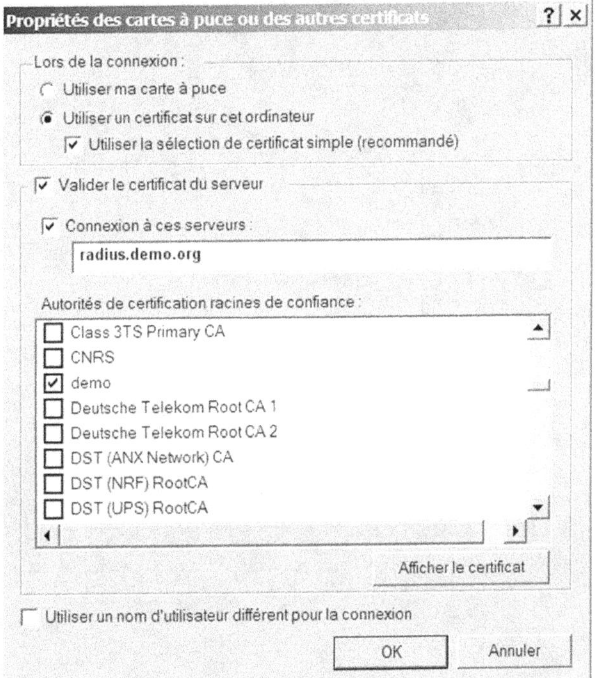

La case Valider le certificat du serveur demande à ce que le certificat du serveur soit authentifié. Cela correspond à l'étape 4 du protocole TLS que nous avons décrit au chapitre 6.

La case Connexion à ces serveurs permet, de surcroît, de donner une liste de noms possibles de serveurs d'authentification. Il s'agit là du nom contenu dans le champ DNS du certificat du serveur.

Dans la liste Autorité de certification, il faut cocher l'autorité de certification du certificat du serveur.

La case Utiliser un nom d'utilisateur différent pour la connexion permet de changer l'identité externe et donc, de lui donner un nom différent du CN du certificat.

Authentification PEAP

Pour configurer un supplicant afin d'utiliser PEAP, la procédure commence comme pour TLS. Les figures 9-6, 9-7 et 9-8 sont toujours valables. Les différences commencent à partir de la figure 9-9 où, cette fois, il faut choisir EAP Protégé (PEAP) pour obtenir la fenêtre de la figure 9-11.

Figure 9–11
Propriétés PEAP

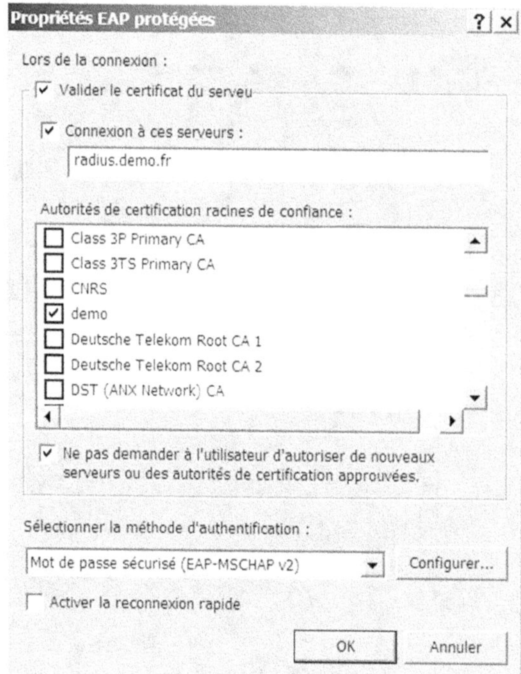

Si la case Connexion à ces serveurs est cochée, il faut taper le ou les noms des serveurs Radius pour lesquels le supplicant accepte de valider les certificats. Il ne s'agit pas du nom réseau du serveur, mais du nom contenu dans l'option DNS du champ Subject-AlternativeName.

Pour que le certificat du serveur soit validé, il faut que l'autorité de certification correspondante soit cochée dans la liste déroulante.

En cliquant sur le bouton Configurer on obtient la fenêtre de la figure 9-12. Si la case est cochée, les éléments d'authentification (identifiant et mot de passe) pris en compte sont ceux stockés dans la session courante. Si la case n'est pas cochée, l'identifiant et le mot de passe seront demandés lors de la première tentative d'authentification, puis stockés dans le profil de l'utilisateur.

Dans les deux cas, cet identifiant sert à interroger la base d'authentification.

Figure 9–12
Sélection des identifiants PEAP

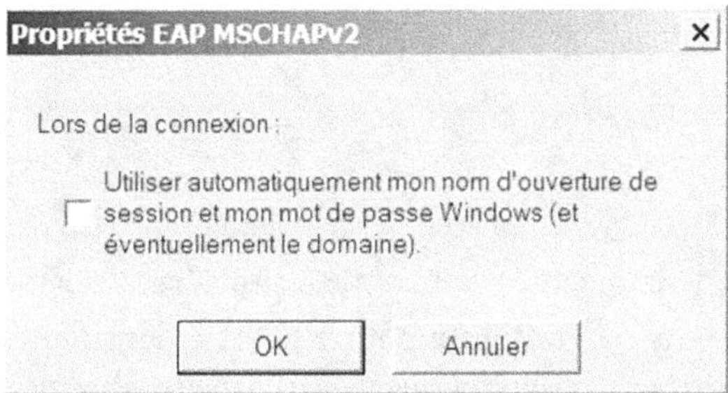

Authentification au démarrage

Les configurations évoquées jusqu'ici permettent de provoquer l'authentification au moment de l'ouverture d'une session utilisateur. Ce qui veut dire que, tant qu'aucun utilisateur n'est connecté, la machine ne peut pas utiliser le réseau et n'est pas accessible depuis celui-ci. De même, si un utilisateur authentifié se déconnecte, le réseau n'est plus accessible, y compris pour d'éventuels services qui en auraient besoin.

On peut remédier à ce problème en provoquant l'authentification au moment du démarrage.

Mise en œuvre

Tout d'abord, quelle que soit la méthode d'authentification, sur la figure 9-13, la case Authentifier en tant qu'ordinateur... doit être cochée.

Figure 9–13
Authentification au démarrage

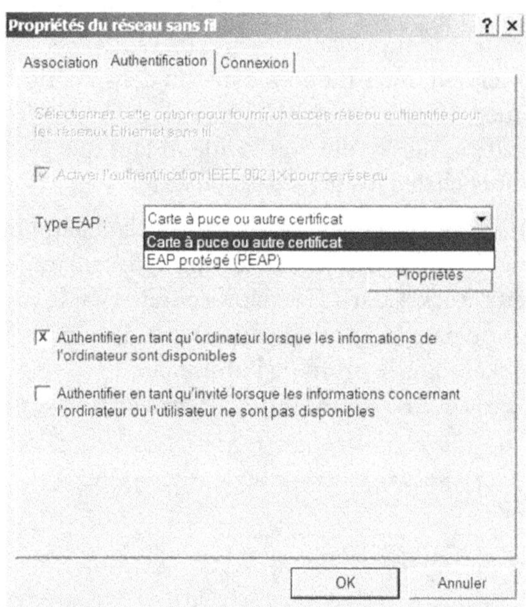

Au démarrage de la machine la marche à suivre sera la suivante :

- Si le supplicant est configuré pour PEAP, l'identifiant envoyé au serveur Radius est le nom de la machine tel que défini dans le système Windows et préfixé par la chaîne « host/ ». Par exemple, « host/PC5 »

- Si le supplicant est configuré pour TLS, l'identifiant envoyé est l'option DNS du champ `Subject Alternative Name` et, s'il n'existe pas, le CN du certificat du poste de travail. L'un ou l'autre sont préfixés par la chaîne « host/ » . Par exemple, « host/pc5.demo.org ».

Ce certificat doit se trouver dans le magasin `ordinateur local`. Nous verrons plus loin comment l'y installer.

Le fichier *users* de FreeRadius pourra contenir des entrées du type :

```
host/pc5.demo.org  Auth-Type := EAP, .....  pour le cas TLS
```

ou bien

```
host/PC5 Auth-Type := EAP ......  pour le cas PEAP
```

Cependant, il est préférable, dans FreeRadius d'utiliser le fichier *proxy.conf* pour enlever la chaîne préfixe (voir aussi « proxy.conf » au chapitre 7).

Dans le *proxy.conf*, on écrira :

```
realm host {
      format = prefix
      delimiter = "/"
      ignore_default = no
      ignore_null = no
    }
```

Et dans la section Authorize de *radiusd.conf* :

```
authorize {
     preprocess
     host
     eap
     files
}
```

Dans ce cas, le fichier *users* pourra s'écrire plus simplement :

```
pc5.demo.org    Auth-Type := EAP, ..... pour le cas TLS
```

ou bien :

```
PC5 Auth-Type := EAP ...... pour le cas PEAP
```

L'usage de PEAP pour l'authentification au démarrage n'est pas très pratique car cela suppose que l'identifiant PC5 soit défini et possède un mot de passe dans la base d'authentification. L'autre problème, c'est que le supplicant de Windows XP ne permet pas de configurer un mot de passe.

En revanche, TLS est très bien adapté à l'authentification au démarrage puisqu'il suffit que le certificat soit dans le magasin `ordinateur local`.

Puisque l'authentification est réalisée au démarrage et que le réseau est donc établi à ce moment, on peut se demander ce qu'il se passe au moment où un utilisateur se connecte.

En fait, le comportement est lié à la valeur de la clé de registre `HKEY_LOCAL_MACHINE\Software\Microsoft\EAPOL\Parameters\General\Global\AuthMode`.

- Si elle vaut 0 (par défaut) : si l'authentification au démarrage est réussie, il ne se passe rien de plus et la connexion réseau reste établie. Si l'authentification est un échec, il y a tentative d'authentification avec les éléments liés à l'utilisateur. Si, toutefois, le supplicant est configuré.

- Si elle vaut 1 : l'authentification a lieu au démarrage puis, au moment de la connexion d'un utilisateur avec ses éléments.
- Si elle vaut 2 : l'authentification interviendra uniquement au démarrage.

Mais alors, que se passe-t-il lorsque l'utilisateur désactive et réactive sa carte sans fil ? S'il ne possède pas d'éléments d'authentification configurés, la connexion réseau sera coupée. Il devra alors se déconnecter et se reconnecter pour rétablir le réseau. En effet, lorsqu'un utilisateur se déconnecte, une nouvelle authentification machine est relancée, comme au démarrage.

Il lui est aussi possible d'installer le certificat de la machine dans son magasin `utilisateur actuel` (en double-cliquant sur le certificat).

Il s'agit ici du comportement du supplicant intégré à Windows XP. D'autres supplicants peuvent permettre à un utilisateur de se ré-authentifier en utilisant le certificat machine depuis le magasin `ordinateur local`.

Installation d'un certificat machine

Cette installation doit se faire depuis la console `mmc` en commençant suivant les figures 9-2, 9-3, 9-4 et 9-5. Puis, il faut faire un clic-droit sur Certificats (ordinateur local)>Personnel (figure 9-14) et sélectionner Toutes les tâches puis Importer...

Figure 9–14
Importation de certificats
machine (1)

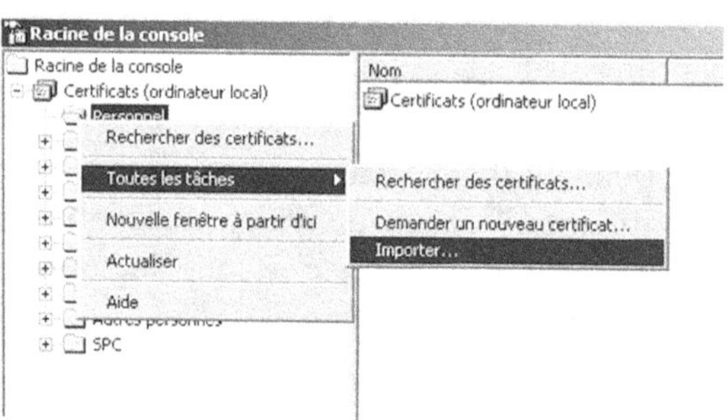

L'assistant d'importation s'ouvre et sur la fenêtre représentée à la figure 9-15, il faut taper le chemin d'accès du fichier contenant le certificat au format PKCS12, puis cliquer sur Suivant jusqu'à la fin.

Clients Linux

Le premier problème à résoudre sous Linux est de disposer du pilote de la carte sans fil du poste de travail. Ce pilote doit, de plus, intégrer les fonctionnalités WPA.

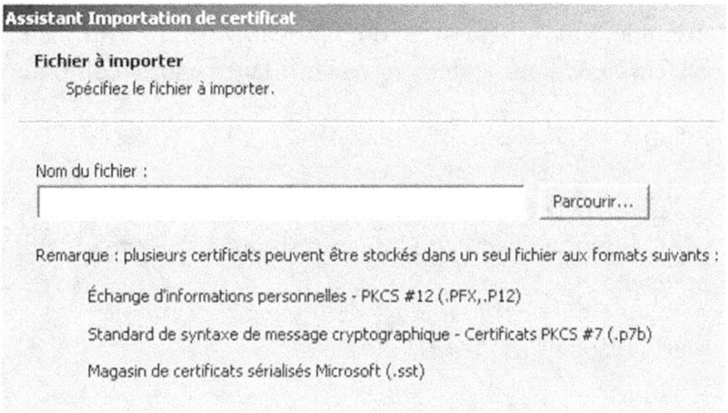

Figure 9–15
Importation de certificats machine (2)

Malheureusement, tous les pilotes des cartes sans fil ne sont pas disponibles sous Linux. C'est pourquoi, il peut être intéressant d'utiliser l'utilitaire NDISWRAPPER qui permet d'installer, sous Linux, le pilote existant sous Windows.

Si on travaille sur un réseau filaire, le pilote classique de la carte Ethernet suffit.

Il faut aussi installer un supplicant. Il en existe deux qui sont des logiciels libres : Xsupplicant et wpa_supplicant. L'un comme l'autre sont compatibles avec WPA. Toutefois, wpa_supplicant ne fonctionne que pour les réseaux sans fil alors que Xsupplicant peut aussi être utilisé sur réseau filaire mais n'est pas compatible avec NDISWRAPPER. Il utilise les extensions sans fil de Linux et nécessite que le pilote de la carte soit compatible WPA.

Dans les exemples qui suivent, nous détaillerons le fonctionnement de Xsupplicant pour authentifier un poste de travail sur un réseau filaire, et wpa_supplicant sur un réseau sans fil.

À noter également, qu'avec Linux, la notion d'authentification à l'ouverture de session n'existe pas. Que le supplicant soit lancé au démarrage de la machine ou, manuellement, plus tard, les opérations sont identiques.

Installation de NDISWRAPPER

Le logiciel peut être téléchargé depuis le site du projet http://ndiswrapper.sourceforge.net. Il s'agit d'un fichier `.tar` qui s'installe de façon classique :

```
tar xvzf ndiswrapper-x.yz.tar.gz
cd ndiswrapper-x.yz
make
make install
```

Puis, il faut se procurer le fichier d'installation du pilote pour Windows. Par exemple, sur le site web du fabricant de la carte. Supposons que ce fichier est *R90501.exe*. Pour le décompresser il faut taper la commande suivante :

```
unzip R90501.exe
```

À l'issue de la décompression, on obtient un ou plusieurs fichiers avec une extension .inf. Il faut choisir celui qui correspond à sa carte sans fil (par exemple, *bcmwl5.inf*) et taper :

```
ndiswrapper -i bcmwl5.inf
```

Ce qui affiche pour résultat :

Installed ndis drivers:
bcmwl5a driver present, hardware present

Ensuite, pour rendre le module disponible, il faut taper :

```
depmod -a
modprobe ndiswrapper
```

Installation de wpa_supplicant

Le site de développement de ce supplicant est http://hostap.epitest.fi/wpa_supplicant depuis lequel le paquetage peut être téléchargé. Son installation est aussi très classique :

```
tar xvzf wpa_supplicant-x.yz.tar.gz
cd wpa_supplicant-x.yz
make
make install
```

Le site web contient une liste de pilotes compatibles qu'il conviendra de consulter pour savoir si la carte que l'on possède en fait partie.

Installation de Xsupplicant

Xsupplicant peut être téléchargé depuis le site http://open1x.sourceforge.net et s'installe avec les commandes :

```
tar xvzf Xsupplicant-x.yz.tar.gz
cd Xsupplicant-x.yz
make
make install
```

Configuration de wpa_supplicant pour réseau sans fil

Toute la configuration est réalisée à partir du fichier */etc/wpa_supplicant.conf*. Il est composé de deux parties. La première consiste en quelques paramètres de contrôle définissant le fonctionnement général du supplicant. La deuxième partie contient la définition des réseaux et des méthodes d'authentification correspondantes.

Parmi les paramètres de contrôle on note principalement :

- `ctrl_interface` qui reçoit le chemin d'un répertoire qui contient les fichiers d'interfaçage (socket) avec d'autres utilitaires (par exemple, wpa_cli).
- `ctrl_interface_group` qui définit le groupe Unix autorisé à utiliser les interfaces précédentes.
- `ap_scan` permet de définir comment la borne d'accès Wi-Fi est sélectionnée. Si `ap_scan=0`, c'est le pilote de la carte Wi-Fi qui recherche la borne, la sélectionne et tente de s'y associer. Si `ap_scan=1`, c'est wpa_supplicant qui fait la recherche et la sélection. Enfin, `ap_scan=2` est équivalent à `ap_scan=0` mais uniquement pour des réseaux cachés, c'est-à-dire dont le SSID n'est pas diffusé.
- `eapol_version` qui vaut 1 ou 2 et correspond à la version EAPOL utilisée (qui correspond en réalité à un niveau de révision du protocole IEEE 802.1X). wpa_supplicant est compatible avec la version 2 mais pas forcément toutes les bornes. Dans le doute, ou en cas de problème, il faut fixer cette valeur à 1.

On pourra donc écrire comme en-tête dans *wpa_supplicant.conf* :

```
ctrl_interface=/var/run/wpa_supplicant
ctrl_interface_group=root
ap_scan=1
eapol_version=1
```

Quelle que soit la méthode d'authentification choisie, le supplicant sera lancé avec la commande suivante :

```
wpa_supplicant -Dndiswrapper -c /etc/wpa_supplicant.conf -i wlan0
```

L'option `-D` permet de spécifier le pilote de la carte, tandis que `-i` donne le nom de l'interface sans fil.

Cette commande s'exécute en arrière-plan comme un service. Il est aussi possible d'utiliser l'option `-f` qui permet de laisser le processus en avant-plan et ainsi de voir comment se déroule l'authentification. Si ce processus est arrêté, la connexion réseau est perdue.

L'authentification par elle-même ne suffit pas pour établir la connexion réseau. Il faut que la machine dispose d'une adresse IP configurée, soit de manière statique, soit par la présence d'un client DHCP qui va automatiquement obtenir cette adresse dès que l'authentification sera positive.

DÉFINITION **DHCP**

DHCP (*Dynamic Host Configuration Protocol*) est le protocole qui permet à une machine d'obtenir automatiquement son adresse IP lorsqu'elle se connecte sur le réseau. Pour cela, un serveur DHCP doit être présent pour répondre aux requêtes. L'adresse IP fournie peut être fixe ou dynamique (c'est-à-dire différente à chaque fois qu'une demande est faite).

En utilisation courante, ces commandes seront exécutées au démarrage de la machine grâce au service « network ».

INCOMPATIBILITÉ **ippool**

Il existe dans FreeRadius un module appelé ippool qui permet de délivrer une adresse IP au client une fois que l'authentification est terminée. Cette possibilité n'est pas compatible avec 802.1X car il n'y a pas de mécanismes prévus dans EAP pour véhiculer une adresse IP du serveur jusqu'au supplicant. Donc, une fois qu'une machine aura rejoint le réseau, elle devra elle-même lancer une requête DHCP pour obtenir son adresse.

Configuration pour TLS

Le fichier */etc/wpa_supplicant.conf* sera du type suivant :

```
network={
    ssid="monreseau"
    scan_ssid=0
    proto=WPA
    key_mgmt=WPA-EAP
    pairwise=TKIP
    group=TKIP
    eap=TLS
    anonymous_identity=pc4.demo.org
    ca_cert="/root/cert/ca/cademo.pem"
    client_cert="/root/cert/pc4.demo.org.pem"
    private_key="/root/cert/pc4.demo.org-key.pem"
    private_key_passwd="test"
}
```

Au début du fichier, on déclare sur quel SSID on veut se connecter, avec quelle gestion de clé (ici TKIP) et quelle méthode d'authentification (TLS).

La variable `anonymous_identity` reçoit l'identité externe. Si, dans le fichier *eap.conf* de FreeRadius, `check_cert_cn` est utilisé, alors `anonymous_identity` doit recevoir le CN du certificat.

`ca_cert` contient le chemin d'accès du certificat de l'autorité de certification du certificat du serveur.

`client_cert`, `private_key` et `private_key_passwd` reçoivent respectivement le chemin d'accès du certificat du client, de sa clé privée et la passphrase de celle-ci.

Configuration pour PEAP

Le fichier */etc/wpa_supplicant.conf* sera du type suivant :

```
network={
    ssid="monreseau"
    scan_ssid=0
    proto=WPA
    pairwise=TKIP
    group=TKIP
    key_mgmt=WPA-EAP
    eap=PEAP
    anonymous_identity="dupont"
    identity="dupont"
    password="unmotdepasse"
    ca_cert="/root/cert/ca/cademo.pem"
    phase1="peapver=0"
    phase2="auth=MSCHAPV2"
```

`anonymous_identity` reçoit l'identité externe alors que `identity` reçoit l'identité interne, c'est-à-dire celle qui est associée au mot de passe contenu dans `password`.

DÉFINITION **Pourquoi anonymous ?**

Nous avons vu au chapitre 6 que l'identité externe circule en clair, ce qui peut-être ennuyeux sur un réseau sans fil. Afin de la cacher, il est possible de lui donner un nom générique dont tous les utilisateurs se serviront. Pour que cela fonctionne, il faut créer une entrée qui sera toujours validée dans le fichier *users* et qui n'autorise aucun VLAN. Par exemple :

`anonymous Auth-Type :=EAP`

À chaque fois que FreeRadius interrogera sa base avec cette identité, il trouvera une correspondance et continuera le processus avec l'identité interne qui, elle, est cachée dans le tunnel et correspond à une entrée complète dans la base (se reporter à ce propos à la figure 7-4 avec `anonymous` comme identité externe et `durand` comme identité interne).

Dans le cas d'utilisation des certificats, cette possibilité n'a pas beaucoup d'importance puisque, de toute façon, les certificats circulent en clair. De surcroît, il ne serait pas possible d'utiliser l'item `check_cert_cn`.

`ca_cert` reçoit le chemin d'accès du certificat de l'autorité de certification du certificat du serveur.

`phase1` peut être utilisé pour définir certains paramètres liés à la version de PEAP (de son côté le serveur FreeRadius est uniquement compatible avec la version 0).

`phase2` permet de définir le protocole d'authentification qui est utilisé pour la phase 2 de PEAP (voir au chapitre 6, « Le protocole PEAP »).

Configuration TTLS

Le fichier */etc/wpa_supplicant.conf* sera du type suivant :

```
ssid="monreseau"
scan_ssid=0
proto=WPA
key_mgmt=WPA-EAP
pairwise=TKIP
group=TKIP
eap=TTLS
anonymous_identity="dupont"
identity="dupont"
password="unmotdepasse"
ca_cert="/root/cert/ca/cacnrs.pem"
phase2="auth=EAP-MSCHAPV2"
```

Cette configuration est pratiquement identique à celle de PEAP. Seuls se différencient le choix du protocole EAP (TTLS) et du protocole de la phase 2. Il faut bien comprendre que la notation `auth=EAP-MSCHAPV2` n'est pas équivalente à `auth=MSCHAPV2`. Dans le premier cas, les échanges du protocole d'authentification transitent du supplicant au serveur TTLS suivant le schéma d'encapsulation suivant :

- Un paquet EAP qui contient un paquet TTLS contenant lui-même un attribut `EAP-Message`. Celui-ci porte la charge utile et il est directement re-routé vers le serveur Radius (qui doit être compatible EAP).

Pour le deuxième cas, le schéma est :

- Un paquet EAP qui contient un paquet TTLS contenant des attributs, compatibles Radius, liés au protocole de la phase 2 (MS-CHAPv2 par exemple). Le serveur TTLS interroge le serveur Radius avec ces attributs. Ce dernier n'a donc pas besoin d'être compatible EAP. Par conséquent, l'authentification, vue du serveur Radius, ne sera pas de type EAP. Cela a des conséquences au niveau du fichier *users* de FreeRadius.

Si on écrit :

```
Dupont Auth-Type := EAP
       Tunnel-Type = VLAN,
       Tunnel-Medium-Type = 802,
       Tunnel-Private-Group-Id = 3
```

l'entrée dupont sera trouvée si `phase2="auth=EAP-MSCHAPV2"`. En revanche, si `phase2="auth=MSCHAPV2"`, elle ne sera pas trouvée car le serveur FreeRadius ne reçoit pas une authentification EAP, mais directement MS-CHAPv2. Or `Auth-Type:=EAP` force EAP pour cet utilisateur.

Pour ce dernier cas, il faudra écrire `Auth-Type:=MSCHAPV2`, ou ne rien mettre du tout. En effet, FreeRadius est capable de reconnaître le type d'authentification demandé, à la condition toutefois que les sections Authorize et Authenticate du fichier *radiusd.conf* soient correctement configurées :

```
authorize {
        mschap
        eap
        files
}
authenticate {
      Auth-Type MS-CHAP {
      mschap
   }
        eap
}
```

Pour EAP-MSCHAPV2, c'est la présence de l'appel du module `eap` dans la section Authorize qui positionne `Auth-Type:=EAP`. Pour MS-CHAPv2, c'est le module `mschap` qui positionne `Auth-Type:=MSCHAP`.

Si on souhaite utiliser une autre méthode d'authentification de mot de passe comme CHAP, par exemple, il suffit d'ajouter le module `chap` dans les sections Authorize et Authenticate.

Les explications détaillées du protocole TTLS se trouvent au chapitre 6, « Le protocole TTLS ».

Configuration de Xsupplicant pour réseau filaire

La configuration de Xsupplicant se fait dans le même esprit que celle de wpa_Supplicant, c'est-à-dire qu'il faut paramétrer le fichier */etc/xsupplicant.conf*.

Une fois ce fichier configuré, Xsupplicant est lancé avec la commande :

```
xsupplicant -i wlan0 -c /etc/xsupplicant.conf
```

L'option -f peut être ajoutée pour que le processus tourne en avant-plan.

Le fichier de configuration permet de créer des profils de réseaux. Pour chacun, il est possible de déclarer plusieurs méthodes d'authentification. Le schéma général de *xsupplicant.conf* est :

```
Paramètres globaux
réseau1 {
       paramètres du réseau1
       méthode1 {
              paramètres de la méthode
  }
       méthode2 {
              paramètres de la méthode
       }
    .....
 }
......
réseauN {
       paramètres du réseauN

       méthode1 {
              paramètres de la méthode
       }
       méthode2 {
              paramètres de la méthode
       }
    .....
 }
```

Configuration pour TLS

Le fichier */etc/xsupplicant.conf* sera du type suivant :

```
network_list = all
default_netname=default
default {
  eap_tls {
    user_cert = /root/pc1.demo.org.pem
    user_key = /root/pc1.demo.org-key.pem
    user_key_pass = test
    root_cert = /root/cademo.pem
    cnexact = no
```

```
        cncheck = demo.org
        chunk_size = 1398
        random_file = /dev/urandom
    }
}
```

Les options `user_cert` et `user_key` permettent de fixer le chemin d'accès du certificat du supplicant, ainsi que sa clé privée dont la passphrase est donnée dans `user_key_pass`.

L'option `root_cert` indique le chemin d'accès du certificat de l'autorité de certification du certificat du serveur FreeRadius.

Si `cnexact=yes`, alors le certificat du serveur doit contenir un champ CN strictement égal à la valeur de `cncheck`. Si, au contraire, `cnexact=no`, le champ CN peut simplement contenir la valeur de *cncheck*.

Dans l'exemple ci-dessus, le serveur pourra avoir n'importe quel nom dans le domaine demo.org. C'est un point très intéressant quand plusieurs serveurs Radius sont susceptibles de répondre (par exemple un primaire et des secondaires).

Configuration pour PEAP

Le fichier */etc/xsupplicant.conf* sera du type suivant :

```
network_list = all
default_netname=default

default {
    identity = dupont
    allow_types = all
    eap-peap {
      random_file = /dev/urandom
      root_cert = /root/cademo.pem
      cnexact=no
      cncheck = demo.org
      chunk_size = 1398
      eap-mschapv2 {
        username = dupont
        password = motdepasse
      }
    }
}
```

L'option `identity` correspond à l'identité externe tandis que `username` contient l'identité interne du protocole de phase 2.

Comme pour TLS, il est aussi possible d'utiliser les options `cnexact` et `cncheck`.

Configuration pour TTLS

Le fichier */etc/xsupplicant.conf* sera du type suivant :

```
network_list = all
default_netname=default

default {
    allow_types = all
    identity = dupont
    eap-ttls {
       random_file = /dev/urandom
       root_cert = /root/cademo.pem
       cnexact=no
       cncheck = demo.org
       chunk_size = 1398
       phase2_type = pap
         pap {
            username = dupont
            password = motdepasse
         }
    }
}
```

Cette configuration est presque équivalente à celle de PEAP. L'option `phase2_type` doit être ajoutée pour définir le protocole qui sera utilisé pour la phase 2.

10

Mise en œuvre des bases de données externes

Tout au long des chapitres précédents, nous avons mis en jeu une base de données dans laquelle les informations d'authentification et d'autorisation sont stockées. Nous avons aussi vu que ces deux fonctions peuvent être séparées en deux bases physiquement distinctes. Le fichier *users* de FreeRadius en est la forme la plus simpliste. Toutefois, implicitement, nous avons utilisé une base externe pour l'authentification des mots de passe (PEAP et TTLS) avec le protocole MS-CHAPv2.

FreeRadius est compatible avec divers types de bases de données externes. Citons par exemple, Oracle, Mysql, Postgres, DB2, Domaine Windows et LDAP.

Dans ce chapitre, nous allons étudier comment mettre en œuvre l'interrogation d'un domaine Windows et d'un annuaire LDAP.

Domaine Windows

Un domaine Windows peut uniquement assurer la fonction d'authentification. Pour les autorisations, il faudra disposer d'une autre base, comme par exemple le fichier *users*.

L'utilisation d'un domaine Windows est intéressante lorsque ce domaine existe déjà et que tous les utilisateurs disposent d'un compte. L'opération consistera à interroger la base Windows avec l'identifiant fourni par le supplicant pour valider son mot de passe.

Afin de pouvoir interroger le domaine Windows, il faudra installer, sur le serveur Radius, le paquetage Samba. Il faudra ensuite intégrer le serveur dans le domaine Windows.

Configuration de Samba

Samba est une implémentation libre du protocole SMB (*Server Message Block*) utilisé dans les systèmes Windows pour le partage de ressources. Il permet à des systèmes, type Unix, de s'intégrer dans un domaine Windows afin de bénéficier de ses ressources ou bien d'en proposer.

FreeRadius a besoin de Samba pour interroger la base de compte de Windows et pour cela le serveur doit rejoindre le domaine.

Après avoir installé Samba sur ce serveur, la configuration est très simple et se résume à quelques lignes dans le fichier */etc/smb.conf* :

```
winbind separator = %
winbind cache time = 10
template shell = /bin/bash
template homedir = /home/%D/%U
idmap uid = 10000-20000
idmap gid = 10000-20000
security = domain
password server = *
workgroup = WINDOM
wins server = 172.16.20.15
```

Les deux options importantes sont `workgroup`, qui reçoit le nom du domaine (ici WINDOM), et `wins server`, qui reçoit l'adresse IP du serveur WINS de ce domaine.

DÉFINITION **Le serveur WINS**

Sur les réseaux Microsoft, le serveur WINS (*Windows Internet Naming Service*) est une base de données qui enregistre les associations entre les noms des machines et leur adresse IP. Il suffit qu'un poste se présente dans le domaine pour qu'il soit enregistré dans la base. C'est grâce au serveur WINS que tous les ordinateurs d'un domaine peuvent se voir au travers de la fonction de voisinage réseau.

La configuration précédente est suffisante si le domaine Windows est de type NT. S'il est de type Active Directory, il faut écrire, en plus, dans *smb.conf* (ces instructions sont disponibles depuis la version 3 de Samba) :

```
security = ads
realm = DEMO.ORG
```

Puis configurer le fichier */etc/krb5.conf* en ajoutant dans la section [realm] (un exemple est fourni avec Samba) :

```
DEMO.ORG {
      kdc = 172.16.20.15   (adresse du serveur Active Directory
                         ↳ ou bien son nom DNS)
}
```

Puis il faut lancer Samba qui se décompose en trois services : nmbd, smbd et winbindd selon la méthode classique :

```
/etc/init.d/smb start
```

(note : le script smb peut aussi s'appeler samba selon la distribution Linux utilisée).

REMARQUE **Domaines NT et Active Directory**

Dans un domaine Windows NT, la base de données dans laquelle sont stockées les informations sur les comptes utilisateurs est la SAM (Security Account Manager) et le protocole d'authentification qui interroge cette base est NTLM (*NT Lan Manager*). Avec Active Directory, sur des systèmes Windows 2000 ou Windows 2003 server, ces informations sont stockées dans une base LDAP et le protocole par défaut est Kerberos. Cependant, Windows 2000 et 2003 restent compatibles avec NTLM afin de permettre des authentifications émanant de systèmes incompatibles avec Kerberos (les anciennes versions de Windows par exemple). Pour les deux types de domaines, c'est l'utilitaire ntlm_auth de Samba qui est utilisé par FreeRadius.

Intégration dans un domaine Windows

Quand Samba est opérationnel, il faut intégrer le serveur Radius au domaine comme on le ferait pour n'importe quel poste de travail Windows. Pour cela, il faut exécuter la commande suivante :

```
net rpc join -w WINDOM -U administrateur
```

Elle demande à joindre le domaine appelé WINDOM au moyen du compte administrateur du domaine. Son mot de passe est demandé et, s'il est valide, le serveur entre dans le domaine.

Il est possible de vérifier que cela a fonctionné avec la commande :

```
net rpc testjoin
```

Lorsque le serveur entre dans le domaine, le fichier */etc/samba/secrets.tdb* est créé. Il ne faut pas le détruire sous peine de devoir relancer la commande `net rpc join`.

Configuration dans radiusd.conf

Pour interroger la base Windows, FreeRadius a besoin que le module `mschap` soit appelé dans la section Authenticate de *radiusd.conf*.

C'est la manière dont est déclaré le module `mschap` qui permet d'interroger la base Windows :

```
mschap {
   authtype = MS-CHAP
   with_ntdomain_hack = yes
   ntlm_auth = "/usr/bin/ntlm_auth --request-nt-key --domain=WINDOM --
username=%{Stripped-User-Name:-%{User-Name:-None}} --
challenge=%{mschap:Challenge:-00} -nt-response=%{mschap:NT-Response:-
00}"
}
```

L'item `ntlm_auth` reçoit une commande (Samba), de même nom, qui à pour fonction d'interroger le domaine Windows. Avant d'exécuter cette commande, le module `mschap` a envoyé une stimulation (challenge) au supplicant. Celui-ci calcule une empreinte (hachage) à partir du mot de passe qu'il connaît et renvoie le résultat qui est stocké dans l'attribut `NT-Response`. Puis, `mschap` exécute `ntlm_auth` avec comme paramètres le nom de l'utilisateur, la stimulation précédemment envoyée et l'attribut `NT-Response`. Le serveur du domaine Windows peut ainsi appliquer la même formule de hachage sur la stimulation avec le mot de passe dont il dispose. Si le résultat est identique à `NT-response`, l'authentification est validée.

Base LDAP

LDAP se présente comme une alternative à l'utilisation d'un domaine Windows pour authentifier les mots de passe. Contrairement au domaine Windows qui ne peut qu'authentifier, une base LDAP peut aussi stocker des autorisations. Il est ainsi possible, dans certaines circonstances, de se passer complètement du fichier *users* de FreeRadius.

Il n'est pas dans les objectifs de ce livre de décrire exhaustivement les principes et le fonctionnement d'une base LDAP. La mise en place d'une telle base sur un site nécessite un travail de fond important. Le but ici sera, après quelques rappels élémentaires, de décrire les mécanismes permettant à un serveur FreeRadius d'extraire les informations dont il a besoin pour les intégrer dans ses processus d'autorisation et d'authentification.

> RFC **LDAP**
>
> Le protocole LDAP est décrit dans la RFC 2251.

Rappels sur LDAP

Le terme LDAP fait référence à un protocole d'accès à des informations stockées dans des annuaires. Ces derniers sont en fait des bases de données, dites LDAP. Le protocole gère uniquement la manière dont les informations sont accessibles et non la façon dont elles sont stockées physiquement.

LDAP donne une vision hiérarchique de la base, sous forme d'une arborescence constituée d'entrées. Chaque entrée correspond à un objet qui peut être un utilisateur, une machine ou tout autre chose. Chaque entrée possède des attributs qui la définissent. L'ensemble des attributs constituent le schéma de la base.

Les entrées sont caractérisées par un nom unique (*Distinguished Name = DN*) qui décrit le chemin depuis la racine de la base jusqu'à l'objet. Par exemple, sur la figure 10-1, le DN de Dupont est :

```
uid=dupont,ou=utilisateurs,dc=demo,dc=org
```

uid est le nom de l'objet. ou (*Organization Unit*) et dc (*Domain Component*) sont des classes d'objets prédéfinies qui permettent de situer l'objet dans la hiérarchie.

Figure 10–1

Exemple de structure
arborescente d'une base LDAP

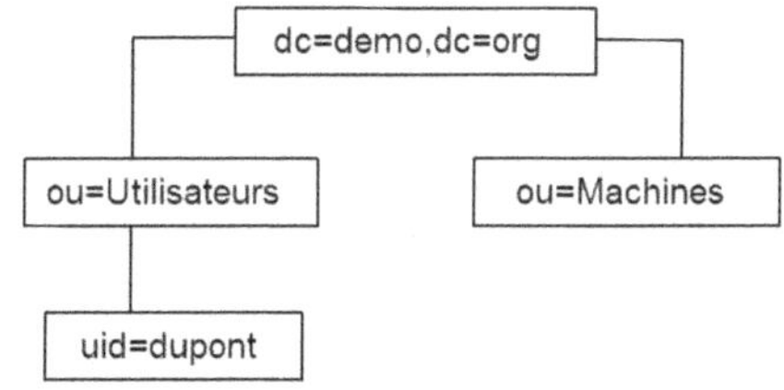

Pour l'importation ou l'exportation des informations, LDAP utilise des fichiers au format LDIF (*LDAP Data Interchange Format*). Ces fichiers ont la structure suivante :

```
dn: <distinguished Name>
attribut1: valeur
attribut2: valeur
.....
attributn: valeur
```

Schéma Radius

Avant de pouvoir interroger une base LDAP, il faut intégrer dans son schéma les attributs dont FreeRadius a besoin. Pour cela, la distribution de FreeRadius contient un fichier d'attributs qui doivent être ajoutés au schéma de la base LDAP. Ce fichier est dans le répertoire *doc* de FreeRadius sous le nom *RADIUS-LDAPv3.schema*. Par exemple, on y trouve :

```
Attributetype
( 1.3.6.1.4.1.3317.4.3.1.7
NAME 'radiusCallingStationId'
DESC ''
EQUALITY caseIgnoreIA5Match
SYNTAX 1.3.6.1.4.1.1466.115.121.1.26
SINGLE-VALUE
)
```

Ce qui définit l'attribut `Calling-Station-Id` dans la base LDAP. Tous les attributs Radius sont ainsi définis dans ce fichier. Les noms des attributs LDAP équivalents commencent toujours par « radius » suivi du nom de l'attribut Radius.

Pour intégrer ces attributs au schéma de la base LDAP, il faut copier le fichier *RADIUS-LDAPv3.schema* dans le répertoire qui contient les autres schémas de la base. Par exemple, avec l'implémentation OpenLDAP, c'est le répertoire */etc/openldap/schema*. Ensuite, le fichier doit être intégré dans la configuration LDAP (avec OpenLDAP, il faut ajouter l'instruction `include /etc/openldap/schema/RADIUS-LDAPv3.schema` au fichier */etc/openldap/slapd.conf*).

Pour importer un objet dans la base (comme un utilisateur), on crée un fichier LDIF qui contient par exemple :

```
dn: uid=dupont,ou=utilisateurs,dc=demo,dc=org
objectclass: Inetorgperson
objectclass: radiusProfile
```

```
uid: dupont
userPassword: 0xBFAD8787F5DC64B730028C20A64EBA94
cn: dupont
sn: dupont
radiusCallingStationId: 00-0F-1F-16-C9-CC
radiustunneltype: VLAN
radiustunnelmediumtype: 6
radiustunnelprivategroupid: 4
```

On y trouvera l'uid de l'utilisateur, son mot de passe (pour PEAP ou TTLS), des check-items (`radiusCallingStationId`) et des reply-items (`radiustunnelprivategroupid`).

Mécanismes d'interrogation de la base LDAP

Le principe d'interrogation d'une base LDAP est le même que celui de l'interrogation du fichier *users* décrit au chapitre 7. C'est toujours le request-item `User-Name` qui sert de clé de recherche dans la base. Dans FreeRadius, un filtre de recherche sera défini pour déterminer dans quel attribut LDAP `User-Name` est recherché. En général il s'agit de uid.

Le serveur FreeRadius envoie une requête de recherche vers le serveur LDAP. Quand une correspondance est trouvée entre `User-Name` et `uid`, les attributs contenus dans la base pour cette entrée sont envoyés au serveur FreeRadius.
Néanmoins, ils ne sont pas directement exploitables puisqu'ils sont préfixés par le mot « Radius » et il faut donc les mettre en correspondance avec leur nom dans Free-Radius. Pour cela, il existe une table, appelée `ldap.attrmap`, qui met en correspondance les noms d'attributs LDAP et Radius. Voici un extrait de cette table :

```
checkItem Called-Station-Id       radiusCalledStationId
checkItem Calling-Station-Id      radiusCallingStationId
checkItem LM-Password             lmPassword
checkItem NT-Password             userPassword
replyitem Tunnel-Type             radiustunneltype
replyitem Tunnel-Medium-Type      radiustunnelmediumtype
replyitem Tunnel-private-group-id radiustunnelprivategroupid
```

Ici, on indique, que l'attribut `Calling-Station-Id` a pour nom `radiusCalling-station-Id` dans la base LDAP et qu'il s'agit d'un check-item, ou encore, que l'attribut `Tunnel-private-group-id` a pour nom `radiustunnelprivategroupid` dans LDAP et que c'est un reply-item.

Donc, non seulement cette table fait la correspondance entre les noms d'attributs mais en plus, elle les caractérise en check-item ou reply-item. À la réception des attributs venant de LDAP, FreeRadius a ainsi les moyens de reconstituer les listes de check-items et de reply-items.

Ces mécanismes sont schématisés sur la figure 10-2.

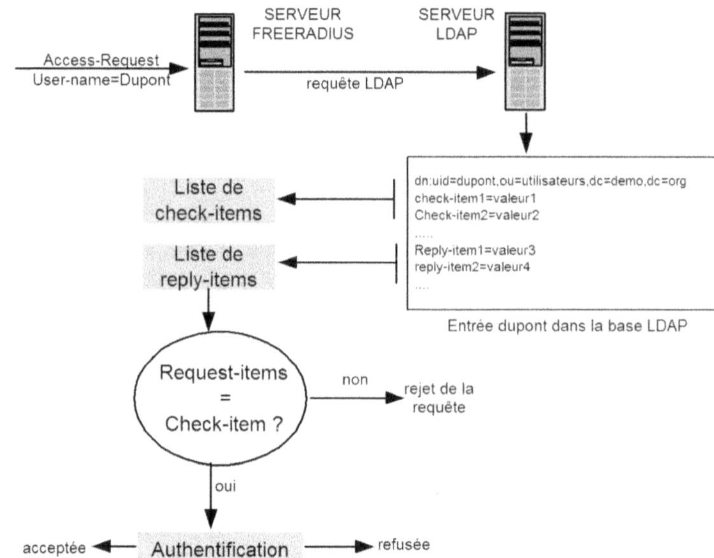

Figure 10–2
Mécanismes d'interrogation d'une base LDAP par FreeRadius

Configurer LDAP dans radiusd.conf

Pour que FreeRadius interroge une base LDAP, il faut lui indiquer où elle se trouve ainsi que quelques paramètres utiles pour l'interrogation. C'est le module ldap qui regroupe ces informations :

```
ldap {
    server = "serveurldap.demo.org"
    identity = "cn=Manager,dc=demo,dc=org"
    password = testldap
    basedn = "dc=demo,dc=org"
    filter = "(uid=%{Stripped-User-Name:-%{User-Name}})"
    dictionary_mapping = ${raddbdir}/ldap.attrmap
    password_attribute = userPassword
    timeout = 4
    timelimit = 3
    net_timeout = 1
    start_tls = no
    ldap_connections_number = 5
}
```

L'item *server* définit le nom ou l'adresse IP du serveur qui possède la base LDAP. Elle peut se trouver sur le même serveur que FreeRadius. Dans ce cas, il suffit d'indiquer 127.0.0.1 comme adresse IP.

Les items `identity`, *password* permettent de définir avec quel compte de la base l'interrogation sera faite. L'item `basedn` indique le Distinguished Name de la racine de la base.

L'item `filter` permet d'indiquer comment la recherche doit être effectuée dans la base LDAP. Ici, il est indiqué qu'elle doit se faire en recherchant l'uid (LDAP) égal à la valeur renvoyée par `%{Stripped-User-Name:-%{User-Name}}`, c'est-à-dire à l'identifiant envoyé par le supplicant, éventuellement débarrassé d'un préfixe.

L'item `dictionnary_mapping` contient le chemin du fichier de correspondance des noms d'attributs envoyés par le serveur LDAP et ceux de FreeRadius.

`Password_attribute` sera discuté plus loin car sa présence dépend du type d'authentification mise en œuvre.

Les items `timeout`, `timelimit` et `net_timeout` ont pour fonction de gérer les délais de réponse et d'exécution des requêtes vers le serveur LDAP. `net_timeout` est le temps d'attente d'une réponse du serveur (en secondes) ; `timeout` est le temps d'attente de la fin d'une requête ; `timelimit` est le temps donné au serveur pour exécuter une requête.

Il est possible de sécuriser la communication entre les serveurs Radius et LDAP. Pour cela, il faut utiliser l'item `start_tls=yes` et rajouter dans la déclaration du module `ldap` :

```
tls_cacertfile = /root/cert/ca/cademo.pem
tls_cacertdir = /root/cert/ca
tls_certfile = /root/cert/serveurradius.pem
tls_keyfile = /root/cert/serveurradius-key.pem
tls_require_cert = "demand"
```

C'est à cet endroit que l'on définit l'emplacement du certificat de l'autorité de certification, du serveur Radius et de sa clé. `tls_require_cert` permet de déterminer l'action à effectuer si le certificat du serveur LDAP n'est pas authentifié. Ici demand signifie que le certificat doit être impérativement authentifié.

Le module `ldap` devra apparaître dans la section Authorize. Par exemple :

```
authorize {
    preprocess
    mschap
    ldap
}
```

Il est parfaitement possible d'appeler, en plus, le modules `files` pour prendre en compte des utilisateurs qui ne seraient pas dans la base LDAP, mais dans le fichier users .

Exemple pour Radius-MAC

Une entrée dans la base LDAP pour faire une authentification par adresse MAC ressemble à l'exemple suivant :

```
dn: uid=0001bcd15710,ou=machines,ou=radius,dc=demo,dc=org
objectclass: Inetorgperson
objectclass: radiusProfile
uid: 0001bcd15710
userPassword: 0001bcd15710
cn:000e45fafb56
sn:000e45fafb56
radiustunneltype: VLAN
radiustunnelmediumtype: 6
radiustunnelprivategroupid: 4
```

Avec une authentification Radius-MAC, l'équipement réseau envoie une requête au serveur Radius dans laquelle l'attribut `User-Name` contient l'adresse MAC du poste de travail. C'est donc cette adresse qui est utilisée pour interroger la base LDAP (c'est ce qui a été déclaré avec l'item `filter` dans la configuration du module `ldap`). L'entrée correspondante dans la base doit donc avoir un uid égal à cette adresse MAC.

De plus, la requête est envoyée avec un mot de passe contenu dans l'attribut `User-Password`, égal à l'adresse MAC. Ce mot de passe est stocké, en clair, dans la base LDAP dans l'attribut `userPassword`.

Pour que FreeRadius sache où trouver ce mot de passe, il faut ajouter dans la déclaration du module `ldap`, la ligne `password_attribute = userPassword`.

Lorsque la base est interrogée, le message suivant est émis dans le journal de FreeRadius :

```
rlm_ldap: performing search in dc=demo,dc=org,with filter
(uid=0001bcd15710)
rlm_ldap: Added password 0001bcd15710 in check items
```

À la réception de l'Access-Request, FreeRadius va détecter que l'authentification est de type LOCAL et que l'attribut `User-Password` contient le mot de passe. Pour cette raison, il n'y a rien à déclarer de plus dans la section Authenticate. Le mot de passe est authentifié par comparaison entre celui renvoyé par la base LDAP pendant la phase Authorize et celui reçu dans l'Access-Request.

Pendant la phase Authorize, les attributs renvoyé par LDAP (`radiustunneltype`, `radiustunnelmediumtype` et `radiustunnelprivategroupid`) sont copiés dans les attributs Radius correspondants conformément à la table `ldap.attr`. La liste des reply-items est ainsi constituée.

Exemple pour TLS

Avec TLS, l'authentification est réalisée avec les certificats des supplicants. Par conséquent, la base LDAP sera utilisée uniquement pour obtenir les autorisations. Une entrée sera du type :

```
dn: uid=Jean.Dupont,ou=users,ou=radius,dc=demo,dc=org
objectclass: Inetorgperson
objectclass: radiusProfile
uid: Jean.Dupont
cn: Jean.Dupont
sn: Jean.Dupont
radiustunneltype: VLAN
radiustunnelmediumtype: 6
radiustunnelprivategroupid: 5
```

Cette fois, `uid` contient le CN du certificat puisque c'est lui qui est envoyé comme identifiant.

La section Authorize minimale est :

```
authorize {
        preprocess
        ldap
}
```

et la section Authenticate :

```
authenticate {
        eap
}
```

Exemple pour PEAP

Avec PEAP, une entrée dans LDAP aura le format suivant :

```
dn: uid=dupont,ou=users,ou=radius,dc=demo,dc=org
objectclass: Inetorgperson
objectclass: radiusProfile
```

```
uid: dupont
userPassword:0xCB2939C93E1605C6628D6971FFC68C2B
cn:dupont
sn:dupont
radiustunneltype: VLAN
radiustunnelmediumtype: 6
radiustunnelprivategroupid: 5
```

PEAP utilise le protocole MS-CHAPv2 pour authentifier le mot de passe. Le module mschap de *radiusd.conf* va être sollicité mais, cette fois, il ne fera pas appel à l'utilitaire ntlm_auth puisqu'il ne s'agit plus d'utiliser un domaine Windows. Le module mschap sera donc déclaré très simplement comme suit :

```
mschap {
    authtype = MS-CHAP
}
```

Ce module s'attend à trouver le mot de passe dont il a besoin dans l'attribut NT-password. Pour cela, la table ldap.attr doit contenir la ligne :

```
checkItem        NT-password                    userPassword
```

Ce qui signifie que FreeRadius copiera l'attribut LDAP userPassword dans l'attribut Radius NT-password. Ce mot de passe doit être stocké sous sa forme chiffrée préfixé par « 0x ».

Un tel mot de passe peut être généré avec la commande suivante :

```
smbencrypt monmotdepasse
```

qui renvoie :

```
LM Hash                                  NT Hash
---------------------------------        ---------------------------------
4133A45BD8BDBD6F4DC11CA1B43097C9         CB2939C93E1605C6628D6971FFC68C2B
```

C'est la valeur sous « NT hash » qui devra être écrite dans userPassword dans la base.

La section Authorize sera :

```
authorize {
      preprocess
      ldap
}
```

Lorsque cette section sera parcourue, le module `ldap` interrogera le serveur LDAP, récupéra l'entrée dupont et copiera `userPassword` dans `NT-password`.

Note : si vous utilisez la même base LDAP pour l'authentification de vos utilisateurs dans Samba, votre base contient déjà le mot de passe sous forme de NT hash, habituellement dans l'attribut `sambaNTPassword`. Il suffit donc d'insérer ceci dans le fichier ldap.attr :

```
checkItem          NT-password                          sambaNTPassword
```

La section Authenticate sera :

```
authenticate {
  Auth-Type MS-CHAP {
    mschap
  }
    eap
}
```

Ici, le module `mschap` va envoyer une stimulation au supplicant. Celui-ci va calculer une empreinte (hachage) avec son mot de passe et envoyer le résultat au serveur Free-Radius. Puis, `mschap` effectue le même calcul à partir de la même stimulation avec le mot de passe renvoyé par le serveur LDAP (`NT-password`). Il doit trouver la même valeur que celle envoyée par le supplicant.

On trouvera le dialogue suivant dans le journal de FreeRadius (mode debug).

```
rlm_ldap: performing search in dc=demo,dc=org, with filter (uid=dupont)
rlm_ldap: Added password 0xCB2939C93E1605C6628D6971FFC68C2B in check
items
rlm_ldap: looking for check items in directory...
rlm_ldap:Adding userPassword as NT-password, value
0xCB2939C93E1605C6628D6971FFC68C2B & op=21
rlm_ldap: looking for reply items in directory...
rlm_ldap: user dupont authorized to use remote access
rlm_ldap: ldap_release_conn: Release Id: 0
modcall[authorize]: module "ldap" returns ok for request 6
modcall: leaving group authorize (returns ok) for request 6
rad_check_password: Found Auth-Type MS-CHAP
auth: type "MS-CHAP"
Processing the authenticate section of radiusd.conf
modcall: entering group MS-CHAP for request 6
rlm_mschap: Found NT-Password
rlm_mschap: Told to do MS-CHAPv2 for dupont with NT-Password
rlm_mschap: adding MS-CHAPv2 MPPE keys
```

```
modcall[authenticate]: module "mschap" returns ok for request 6
modcall: leaving group MS-CHAP (returns ok) for request 6
Login OK: [dupont/<no User-Password attribute>] (from client maborne
port 38246 cli 0001.bcd1.5710)
```

Exemple avec TTLS

Comme PEAP, TTLS est une méthode d'authentification avec mot de passe. Contrairement à PEAP, TTLS permet d'utiliser d'autres protocoles d'authentification de
mots de passe que PEAP, comme CHAP, PAP, MD5, etc.

Nous avons vu au chapitre 6 que le serveur TTLS peut communiquer de deux
manières avec le serveur Radius :

- Soit la méthode d'authentification de phase 2 est de type EAP (EAP-
  MSCHAPV2) et le supplicant écrit des attributs EAP-Message dans les paquets
  TTLS. Le serveur TTLS les redistribue alors directement au serveur Radius.
  Celui-ci doit alors être compatible avec EAP.
- Soit la méthode d'authentification de phase 2 n'est pas de type EAP (MS-CHAP,
  CHAP, PAP) et le supplicant écrit dans les paquets TTLS des attributs compati-
  bles avec Radius et liés à ce protocole. Le serveur TTLS envoie alors des requêtes
  avec ces attributs au serveur Radius qui n'a pas besoin d'être compatible avec EAP.

C'est dans ce deuxième cas que nous allons nous placer puisque le premier est complètement identique à PEAP. Il faut toutefois garder à l'esprit que FreeRadius joue à
la fois le rôle des deux serveurs TTLS et Radius.

TTLS avec MS-CHAPv2

L'entrée dans la base LDAP est strictement identique à celle que nous avons vue
pour le cas PEAP. Ce qui permet d'ailleurs de constater que la déclaration des utilisateurs peut être banalisée.

En revanche, la section Authorize nécessite l'ajout du module mschap comme suit :

```
authorize {
    preprocess
    mschap
    eap
    ldap
}
```

En effet, il faut imaginer le serveur FreeRadius avec deux côtés. Son côté « serveur
TTLS », qui a besoin du module eap pour la première phase du protocole (*TLS
Handshake*), et son côté « serveur Radius » qui reçoit une requête MS-CHAPv2 et

non EAP. L'appel au module `mschap` va permettre de positionner `Auth-Type:=MS-CHAP`, ce qui informera la section Authenticate du type d'authentification à réaliser. On peut voir les informations suivantes dans le journal de FreeRadius (mode debug) :

```
modcall: entering group authorize for request 6
modcall[authorize]: module "preprocess" returns ok for request 6
rlm_mschap: Found MS-CHAP attributes. Setting 'Auth-Type = MS-CHAP'
modcall[authorize]: module "mschap" returns ok for request 6
rlm_eap: No EAP-Message, not doing EAP
modcall[authorize]: module "eap" returns noop for request 6
```

Ici, le module `mschap` positionne `Auth-Type = MS-CHAP`, tandis que le module `eap`, qui ne trouve pas l'attribut `EAP-Message`, dit qu'il n'a rien à faire.

Comme pour PEAP, le module `mschap` dans *radiusd.conf* ne devra pas faire appel à `ntlm_auth`.

La section Authenticate correspondante est :

```
authenticate {
    Auth-Type MS-CHAP {
       mschap
    }
    eap
}
```

Ici aussi, le module `eap` est utilisé pour la phase TLS Handshake et `mschap` pour authentifier le mot de passe suivant le même principe qu'avec PEAP. Les messages dans le journal seront identiques.

TTLS avec CHAP

Ce cas illustre l'utilisation d'un protocole d'authentification non compatible avec PEAP. La principale différence d'une entrée dans la base avec les cas précédents est que le mot de passe y est écrit en clair :

```
dn: uid=dupont,ou=users,ou=radius,dc=demo,dc=org
objectclass: Inetorgperson
objectclass: radiusProfile
uid: dupont
userPassword:monmotdepasse
cn:dupont
sn:dupont
radiustunneltype: VLAN
radiustunnelmediumtype: 6
radiustunnelprivategroupid: 5
```

La section Authorize sera :

```
authorize {
      preprocess
      chap
      eap
      ldap
}
```

Et la section Authenticate :

```
authenticate {
    Auth-Type CHAP {
       chap
    }
      eap
}
```

Le fonctionnement est identique au cas précédent, mais cette fois, c'est le module chap qui fera l'authentification du mot de passe.

Prise en compte des check-items

Dans tous les exemples précédents, le seul check-item utilisé est `User-Password`. Il est parfaitement possible de mettre en jeu d'autres check-items comme on peut le faire avec le fichier *users*.

Par exemple, si on veut qu'un utilisateur soit authentifié en fonction de son mot de passe et à condition que la requête soit émise depuis un poste de travail précis, on écrira :

```
dn: uid=dupont,ou=users,ou=radius,dc=demo,dc=org
objectclass: Inetorgperson
objectclass: radiusProfile
uid: dupont
userPassword:0xCB2939C93E1605C6628D6971FFC68C2B
cn:dupont
sn:dupont
radiuscallingstationid :00-0f-1f-16-c9-cc
radiustunneltype: VLAN
radiustunnelmediumtype: 6
radiustunnelprivategroupid: 5
```

L'attribut `radiuscallingstationid` contient l'adresse MAC du poste de travail dans le format envoyé par l'équipement réseau.

Pour que cette adresse MAC soit comparée à celle reçue par le serveur FreeRadius dans l'attribut `Calling-station-Id`, il faut appeler le module `checkval` dans la section Authorize qui devient :

```
authorize {
    preprocess
    chap
    eap
    ldap
    checkval
}
```

Ce module, prédefini dans *radiusd.conf*, a pour fonction de vérifier s'il y a une correspondance entre `radiuscallingstationid` et `Calling-Station-Id`. En cas de différence, l'authentification est refusée.

Il est également possible d'écrire plusieurs attributs `radiuscallingstationid` dans la base. Dans ce cas, `checkval` reçoit cette liste et y recherche une correspondance avec `Calling-Station-Id`.

Il est possible de créer d'autres modules, sur le modèle de `checkval`, pour d'autres attributs.

11

Outils d'analyse

Les chapitres précédents ont montré que la mise en œuvre d'une authentification réseau, surtout avec 802.1X, n'est pas une tâche facile. Il est donc utile de connaître quelques moyens d'analyse des opérations.

On pourra trouver ces moyens au niveau de chacun des trois acteurs. Sur le serveur, FreeRadius offre la possibilité de tracer très finement tout ce qu'il fait. La plupart du temps, ces informations suffisent à résoudre les problèmes.

Du côté des équipements réseau, la disponibilité d'outils dépend fortement du type et de la marque du matériel. Nous prendrons un exemple avec une borne Cisco. Enfin, sur le poste de travail, il sera aussi possible de tracer les communications établies avec l'équipement réseau.

Pour ces exemples nous considérons que :

- Le serveur FreeRadius est à l'adresse 172.16.20.3 et a pour nom : `serveurradius`.
- La borne Wi-Fi est à l'adresse 172.16.20.10 et se nomme `maborne`. Son adresse MAC est 00:13:19:20:E7:65 (`Called-Station-Id`).
- Le poste de travail a pour adresse MAC 00:13:ce:a8:90:67.
- La méthode d'authentification est PEAP avec MS-CHAPv2.

Analyse sur le serveur FreeRadius

Utilisation de tcpdump

L'utilitaire tcpdump est un outil d'analyse de premier niveau. Il permettra de s'assurer que l'équipement réseau soumet bien les requêtes et que le serveur Radius lui répond. Avec la commande :

```
tcpdump host maborne
```

on obtient :

```
IP maborne > serveurradius.radius: RADIUS, Access Request (1), id: 0xd8
length: 129
IP serveurradius.radius > maborne.datametrics: RADIUS, Access Challenge
(11), id: 0xd8 length: 86
IP maborne.datametrics > serveurradius.radius: RADIUS, Access Request
(1), id: 0xd9 length: 240
IP serveurradius.radius > maborne.datametrics: RADIUS, Access Challenge
(11), id: 0xd9 length: 1122
IP maborne.datametrics > serveurradius.radius: RADIUS, Access Request
(1), id: 0xda length: 140
IP serveurradius.radius > maborne.datametrics: RADIUS, Access Challenge
(11), id: 0xda length: 202
IP maborne.datametrics > serveurradius.radius: RADIUS, Access Request
(1), id: 0xdb length: 338
...............
IP serveurradius.radius > maborne.datametrics: RADIUS, Access Accept
(2), id: 0xe0 length: 214
```

On voit dans cet échange le premier paquet Access-Request, suivi d'une série d'Access-Challenge et Access-Request jusqu'au dernier paquet qui est un Access-Accept.

Le serveur répond sur le port « radius » qui est 1812, tandis que la borne émet depuis le port « datametrics » qui correspond à 1645. Cela signifie qu'elle utilise les ports obsolètes ce qui n'est pas très grave car c'est le port d'écoute du serveur qui est important.

Pour aller plus loin dans l'analyse, il est plus intéressant d'utiliser le mode debug de FreeRadius.

Mode debug

En fonctionnement normal, FreeRadius affiche peu d'informations sur le déroulement des opérations qu'il traite. Il est possible de lancer FreeRadius en mode debug de la façon suivante :

```
radiusd -X
```

À partir de ce moment, FreeRadius devient très bavard au point qu'il est préférable de diriger le résultat de cette commande dans un fichier :

```
radiusd -X > /tmp/trace
```

On peut également utiliser le service de journalisation (syslog) du système. Pour cela, il faut d'abord écrire les lignes suivantes au début du fichier *radiusd.conf* :

```
logdir=syslog
log_destination=syslog
```

Dès cet instant, toute l'activité du serveur est enregistrée dans le fichier de journalisation défini dans le service syslog (en général */var/log/messages*). Toutefois, reste affichée à l'écran la succession d'échanges Access-Request/Access-Challenge/Access-Accept/Access-Reject. Chaque paquet est interprété, ce qui permet de visualiser la liste et les valeurs des attributs (AVP). Par exemple :

```
rad_recv: Access-Request packet from host 172.16.20.10:1645, id=22,
length=129
    User-Name = "dupont"
    Framed-MTU = 1400
    Called-Station-Id = "0013.1920.e765"
    Calling-Station-Id = "0013.cea8.9067"
    Service-Type = Login-User
    Message-Authenticator = 0x4b8dd8356136be8da3a5d588f00b6087
    EAP-Message = 0x0201000d01626f726465726573
    NAS-Port-Type = Wireless-802.11
    NAS-Port = 43525
    NAS-IP-Address = 172.16.20.10
    NAS-Identifier = "maborne"
```

Le listing suivant est écrit dans le fichier de journalisation du système. Il est ici découpé et commenté étape par étape. Il s'agit d'une trace des mécanismes expliqués sur la figure 7-4.

FreeRadius reçoit le premier paquet Access-Request avec l'identité externe (dupont).
La section Authorize est appelée et le module `files` recherche et trouve « dupont » à
la ligne 520 dans le fichiers *users*.

La section Authenticate est ensuite appelée et le module eap trouve une requête `EAP`
`identity`. Un Access-Challenge est renvoyé à la borne dans laquelle la méthode pré-
férée (PEAP) du serveur est proposée.

```
   Processing the authorize section of radiusd.conf
 modcall: entering group authorize for request 0
  modcall[authorize]: module "preprocess" returns ok for request 0
  rlm_eap: EAP packet type response id 2 length 13
  rlm_eap: No EAP Start, assuming it's an on-going EAP conversation
  modcall[authorize]: module "eap" returns updated for request 0
    users: Matched entry dupont at line 520
  modcall[authorize]: module "files" returns ok for request 0
 modcall: leaving group authorize (returns updated) for request 0
  rad_check_password: Found Auth-Type EAP
 auth: type "EAP"
  Processing the authenticate section of radiusd.conf
 modcall: entering group authenticate for request 0
  rlm_eap: EAP Identity
  rlm_eap: processing type tls
  rlm_eap_tls: Initiate
  rlm_eap_tls: Start returned 1
  modcall[authenticate]: module "eap" returns handled for request 0
 modcall: leaving group authenticate (returns handled) for request 0
 Finished request 0
 Going to the next request
```

La borne répond par un nouveau paquet Acess-Request. La section Authenticate est
à nouveau appelée et « dupont » est trouvé dans *users*.

```
   Processing the authorize section of radiusd.conf
 modcall: entering group authorize for request 1
 modcall[authorize]: module "preprocess" returns ok for request 1
 rlm_eap: EAP packet type response id 3 length 106
 rlm_eap: No EAP Start, assuming it's an on-going EAP conversation
 modcall[authorize]: module "eap" returns updated for request 1
    users: Matched entry dupont at line 520
 modcall[authorize]: module "files" returns ok for request 1
 odcall: leaving group authorize (returns updated) for request 1
 rad_check_password: Found Auth-Type EAP
 auth: type "EAP"
```

Puis, dans la section Authenticate, le module eap entérine la méthode PEAP et commence le dialogue TLS Handshake (réception de Client_hello, envoi Server_Hello puis le certificat du serveur).

```
    Processing the authenticate section of radiusd.conf
modcall: entering group authenticate for request 1
rlm_eap: Request found, released from the list
rlm_eap: EAP/peap
rlm_eap: processing type peap
rlm_eap_peap: authenticate
rlm_eap_tls: processing TLS
eaptls_verify returned 7
rlm_eap_tls: Done initial handshake
   (other): before/accept initialization
   TLS_accept: before/accept initialization
rlm_eap_tls: <<< TLS 1.0 Handshake [length 005f], ClientHello
   TLS_accept: SSLv3 read client hello A
rlm_eap_tls: >>> TLS 1.0 Handshake [length 004a], ServerHello
   TLS_accept: SSLv3 write server hello A
rlm_eap_tls: >>> TLS 1.0 Handshake [length 0417], Certificate
   TLS_accept: SSLv3 write certificate A
rlm_eap_tls: >>> TLS 1.0 Handshake [length 0004], ServerHelloDone
   TLS_accept: SSLv3 write server done A
   TLS_accept: SSLv3 flush data
   TLS_accept:error in SSLv3 read client certificate A
In SSL Handshake Phase
In SSL Accept mode
eaptls_process returned 13
rlm_eap_peap: EAPTLS_HANDLED
modcall[authenticate]: module "eap" returns handled for request 1
modcall: leaving group authenticate (returns handled) for request 1
Finished request 1
```

Un nouveau Access-Request est reçu. Authorize est a nouveau appelé et « dupont » est trouvé dans *users*.

```
    Processing the authorize section of radiusd.conf
modcall: entering group authorize for request 3
modcall[authorize]: module "preprocess" returns ok for request 3
rlm_eap: EAP packet type response id 5 length 204
rlm_eap: No EAP Start, assuming it's an on-going EAP conversation
modcall[authorize]: module "eap" returns updated for request 3
   users: Matched entry dupont at line 520
modcall[authorize]: module "files" returns ok for request 3
modcall: leaving group authorize (returns updated) for request 3
rad_check_password: Found Auth-Type EAP
auth: type "EAP"
```

Dans Authenticate, eap reçoit la clé du client (ClientKeyExchange), son changement de méthode de chiffrement (ChangeCipherSpec). Puis, il envoie au client la
prise en compte de la méthode de chiffrement du côté serveur (ChangeCipherSpec).

```
    Processing the authenticate section of radiusd.conf
modcall: entering group authenticate for request 3
rlm_eap: Request found, released from the list
rlm_eap: EAP/peap
rlm_eap: processing type peap
rlm_eap_peap: authenticate
rlm_eap_tls: processing TLS
eaptls_verify returned 7
rlm_eap_tls: Done initial handshake
rlm_eap_tls: <<< TLS 1.0 Handshake [length 0086], ClientKeyExchange
   TLS_accept: SSLv3 read client key exchange A
rlm_eap_tls: <<< TLS 1.0 ChangeCipherSpec [length 0001]
rlm_eap_tls: <<< TLS 1.0 Handshake [length 0010], Finished
   TLS_accept: SSLv3 read finished A
rlm_eap_tls: >>> TLS 1.0 ChangeCipherSpec [length 0001]
   TLS_accept: SSLv3 write change cipher spec A
rlm_eap_tls: >>> TLS 1.0 Handshake [length 0010], Finished
   TLS_accept: SSLv3 write finished A
   TLS_accept: SSLv3 flush data
   (other): SSL negotiation finished successfully
SSL Connection Established
   eaptls_process returned 13
rlm_eap_peap: EAPTLS_HANDLED
modcall[authenticate]: module "eap" returns handled for request 3
modcall: leaving group authenticate (returns handled) for request 3
Finished request 3
```

Un nouveau Access-Request arrive, correspondant au début de la phase 2 de PEAP.
Dans la section Authorize le fichier *users* est toujours interrogé avec l'identité
externe.

```
    Processing the authorize section of radiusd.conf
modcall: entering group authorize for request 5
modcall[authorize]: module "preprocess" returns ok for request 5
rlm_eap: EAP packet type response id 7 length 80
rlm_eap: No EAP Start, assuming it's an on-going EAP conversation
modcall[authorize]: module "eap" returns updated for request 5
   users: Matched entry dupont at line 520
modcall[authorize]: module "files" returns ok for request 5
modcall: leaving group authorize (returns updated) for request 5
rad_check_password: Found Auth-Type EAP
auth: type "EAP"
```

Puis le module eap, dans la section Authenticate, trouve un paquet EAP Identity qui contient l'identité interne. Il positionne l'attribut User-Name avec cette identité (dupont également).

```
    Processing the authenticate section of radiusd.conf
modcall: entering group authenticate for request 5
rlm_eap: Request found, released from the list
rlm_eap: EAP/peap
rlm_eap: processing type peap
rlm_eap_peap: authenticate
rlm_eap_tls: processing TLS
eaptls_verify returned 7
rlm_eap_tls: Done initial handshake
eaptls_process returned 7
rlm_eap_peap: EAPTLS_OK
rlm_eap_peap: Session established. Decoding tunneled attributes.
rlm_eap_peap: Identity - dupont
rlm_eap_peap: Tunneled data is valid.
PEAP: Got tunneled identity of dupont
PEAP: Setting default EAP type for tunneled EAP session.
PEAP: Setting User-Name to dupont
```

La section Authorize est directement appelée (il n'y a pas de paquet Access-Request cette fois). Dans la section Authorize, le fichier *users* est interrogé avec User-Name qui contient désormais l'identité interne.

```
dcall: entering group authorize for request 5
modcall[authorize]: module "preprocess" returns ok for request 5
rlm_eap: EAP packet type response id 7 length 13
rlm_eap: No EAP Start, assuming it's an on-going EAP conversation
modcall[authorize]: module "eap" returns updated for request 5
   users: Matched entry dupont at line 520
modcall[authorize]: module "files" returns ok for request 5
modcall: leaving group authorize (returns updated) for request 5
rad_check_password: Found Auth-Type EAP
auth: type "EAP"
```

Le module eap dans Authenticate commence l'exécution du protocole MS-CHAPv2 et envoie un challenge au client.

```
    Processing the authenticate section of radiusd.conf
modcall: entering group authenticate for request 5
rlm_eap: EAP Identity
rlm_eap: processing type mschapv2
rlm_eap_mschapv2: Issuing Challenge
```

```
modcall[authenticate]: module "eap" returns handled for request 5
modcall: leaving group authenticate (returns handled) for request 5
PEAP: Got tunneled Access-Challenge
modcall[authenticate]: module "eap" returns handled for request 5
modcall: leaving group authenticate (returns handled) for request 5
Finished request 5
```

La réponse arrive, la section Authorize est appelée et le fichier *users* est interrogé avec
l'identité externe « dupont », puis, dans la section Authenticate, le module eap
affecte à User-Name l'identité interne.

```
   Processing the authorize section of radiusd.conf
modcall: entering group authorize for request 6
rlm_eap: EAP packet type response id 8 length 144
rlm_eap: No EAP Start, assuming it's an on-going EAP conversation
modcall[authorize]: module "eap" returns updated for request 6
   users: Matched entry dupont at line 520
modcall[authorize]: module "files" returns ok for request 6
modcall: leaving group authorize (returns updated) for request 6
rad_check_password: Found Auth-Type EAP
auth: type "EAP"
Processing the authenticate section of radiusd.conf
modcall: entering group authenticate for request 6
rlm_eap: Request found, released from the list
rlm_eap: EAP/peap
rlm_eap: processing type peap
rlm_eap_peap: authenticate
rlm_eap_tls: processing TLS
eaptls_verify returned 7
rlm_eap_tls: Done initial handshake
eaptls_process returned 7
rlm_eap_peap: EAPTLS_OK
rlm_eap_peap: Session established. Decoding tunneled attributes.
rlm_eap_peap: EAP type mschapv2
rlm_eap_peap: Tunneled data is valid.
PEAP: Setting User-Name to dupont
PEAP: Adding old state with ae 52
```

La section Authorize est à nouveau appelée et le fichier *users* est interrogé avec
l'identité interne désormais contenue dans User-Name.

```
Processing the authorize section of radiusd.conf
modcall: entering group authorize for request 6
modcall[authorize]: module "preprocess" returns ok for request 6
rlm_eap: EAP packet type response id 8 length 67
rlm_eap: No EAP Start, assuming it's an on-going EAP conversation
modcall[authorize]: module "eap" returns updated for request 6
   users: Matched entry dupont at line 520
```

```
modcall[authorize]: module "files" returns ok for request 6
modcall: leaving group authorize (returns updated) for request 6
rad_check_password: Found Auth-Type EAP
auth: type "EAP"
```

À nouveau, on entre dans la section Authenticate dans laquelle le module eap pour-suit l'exécution de MS-CHAPv2.

```
    Processing the authenticate section of radiusd.conf
modcall: entering group authenticate for request 6
rlm_eap: Request found, released from the list
rlm_eap: EAP/mschapv2
rlm_eap: processing type mschapv2
Processing the authenticate section of radiusd.conf
modcall: entering group MS-CHAP for request 6
rlm_mschap: No User-Password configured. Cannot create LM-Password.
rlm_mschap: No User-Password configured. Cannot create NT-Password.
rlm_mschap: Told to do MS-CHAPv2 for dupont with NT-Password
radius_xlat: Running registered xlat function of module mschap for
string 'Challenge'
 mschap2: f0
radius_xlat: Running registered xlat function of module mschap for
string 'NT-Response'
radius_xlat: '/usr/bin/ntlm_auth --request-nt-key --domain=WINDOM --
username=dupont --challenge=e578cc94a0dd8478 -nt-
response=494840624ba13faa431ba9e71da960c9c0ca671db2c54da9'
```

La base Windows est interrogée avec ntlm_auth pour valider le mot de passe (ou plutôt la stimulation et la réponse envoyée par le client).

```
Exec-Program: /usr/bin/ntlm_auth --request-nt-key --domain=WINDOM --
username=dupont --challenge=e778cc04a0ee8478 -nt-
response=494840024ba13f67431ba9e71da96889c0ca671db2c54da9
Exec-Program output: NT_KEY: 217F4D506D89E5FFF636DA0999365EB7
Exec-Program-Wait: plaintext: NT_KEY: 217F4D506D89E5FFF636DA0999365EB7
Exec-Program: returned: 0
rlm_mschap: adding MS-CHAPv2 MPPE keys
modcall[authenticate]: module "mschap" returns ok for request 6
modcall: leaving group MS-CHAP (returns ok) for request 6
MSCHAP Success
modcall[authenticate]: module "eap" returns handled for request 6
modcall: leaving group authenticate (returns handled) for request 6
PEAP: Got tunneled Access-Challenge
modcall[authenticate]: module "eap" returns handled for request 6
modcall: leaving group authenticate (returns handled) for request 6
Finished request 6
Going to the next request
```

Enfin, le dernier Access-Request arrive.

```
    Processing the authorize section of radiusd.conf
modcall: entering group authorize for request 7
.
.
.
```

Dans Authenticate, eap termine le protocole MS-CHAPv2 et confirme l'authentification (Login OK).

```
    Processing the authenticate section of radiusd.conf
modcall: entering group authenticate for request 7
rlm_eap: Request found, released from the list
rlm_eap: EAP/mschapv2
rlm_eap: processing type mschapv2
rlm_eap: Freeing handler
modcall[authenticate]: module "eap" returns ok for request 7
modcall: leaving group authenticate (returns ok) for request 7
Login OK: [dupont/<no User-Password attribute>] (from client localhost
port 43526 cli 0090.4b86.1313)
Processing the post-auth section of radiusd.conf
PEAP: Tunneled authentication was successful.
rlm_eap_peap: SUCCESS
Saving tunneled attributes for later
modcall[authenticate]: module "eap" returns handled for request 7
modcall: leaving group authenticate (returns handled) for request 7
Finished request 7
```

Analyse sur une borne Cisco Aironet 1200

Pour lancer le mode debug sur une borne Cisco, il faut passer la commande :

```
debug radius (que l'on peut arrêter par no debug radius)
```

Ce mode permet d'obtenir la liste des échanges entre la borne et le serveur, vue de la borne. On y trouve la succession de paquets Access-Request/Access-Challenge.

La borne envoie un paquet Access-Request au serveur (172.16.20.3) dans lequel se trouvent les valeurs des attributs. EAP-Message porte un paquet EAP identity.

```
Send Access-Request to 172.16.20.3:1812 id 1645/255, len 129
 authenticator 02 ED FD 40 28 FC B1 ED - 8F 07 70 F9 A5 12 67 6A
  User-Name          [1]   10 "dupont"
```

```
 Framed-MTU            [12] 6    1400
 Called-Station-Id     [30] 16   "0013.1920.e765"
 Calling-Station-Id    [31] 16   "0013.cea8.9067"
 Service-Type          [6]  6    Login                [1]
 Message-Authenticato  [80] 18   *
 EAP-Message           [79] 15
02 01 00 0D 01 62 6F 72 64 65 72 65 73         [?????dupont]
 NAS-Port-Type         [61] 6    802.11 wireless      [19]
 NAS-Port              [5]  6    42938
 NAS-IP-Address        [4]  6    172.16.20.10
 Nas-Identifier        [32] 4    "ap"
```

Un Access-Challenge arrive, suivi de l'envoi d'un nouveau Access-Request, et ainsi
de suite jusqu'à la fin du protocole...

```
Received from id 1645/255 172.16.20.3:1812, Access-Challenge, len 86
 authenticator 7F D8 26 1E 2E D6 A7 F1 - EF FA 37 FF 08 E7 0D 4D
 Service-Type          [6]  6    Framed               [2]
 Tunnel-Type           [64] 6    00:VLAN              [13]
 .
 .
 .
```

Le dernier paquet est un Access-Accept qui contient l'attribut `Tunnel-Private-
Group-Id` qui permet à la borne d'affecter ce VLAN au poste de travail. Si cet
attribut est présent deux fois, c'est parce qu'il est écrit une première fois avec la liste
des reply-items liée à l'identité externe, puis, une deuxième fois avec celle liée à
l'identité interne. La borne reçoit également l'attribut `MS-MPPE-RECV-KEY` qui contient la PMK vue au chapitre 6.

```
Received from id 1645/7 172.16.20.3:1812, Access-Accept, len 214
 authenticator B2 80 0D A4 2B F7 57 12 - B0 03 E1 73 0A E7 DA DF
 Service-Type          [6]  6    Framed               [2]
 Tunnel-Type           [64] 6    00:VLAN              [13]
 Tunnel-Medium-Type    [65] 6    00:ALL_802           [6]
 Tunnel-Private-Group  [81] 4    "4"
 Service-Type          [6]  6    Framed               [2]
 Tunnel-Type           [64] 6    00:VLAN              [13]
 Tunnel-Medium-Type    [65] 6    00:ALL_802           [6]
 Tunnel-Private-Group  [81] 4    "4"
 User-Name             [1]  10   "dupont"
 Vendor, Microsoft     [26] 58
 MS-MPPE-Recv-Key      [17] 52
97 D8 A7 A6 78 D8 3B D2 36 04 EB 5A 3B 77 4C 1A   [????x?;?6??Z;wL?]
31 A8 37 33 12 2F BD F1 F2 DE 7E E9 DF D8 AA FB   [1?73?/????~?????]
71 EF 0F 91 E0 43 99 9C 93 0E B7 A3 1A 7F 05 89   [q????C??????????]
9F E3                                             [??]
```

```
 Vendor, Microsoft    [26] 58
 MS-MPPE-Send-Key     [16] 52
 9B 27 FD BB DD FA AA D9 CF 85 CE A7 F3 8C 49 99 [?'??????????I?]
 69 E6 3E A3 AC 51 A0 75 64 91 DD 03 78 C8 95 5F [i?>??Q?ud???x??_]
 79 9D D6 F0 40 72 49 20 45 29 CE B5 F8 64 62 02 [y???@rI E)???db?]
 B0 21                                            [?!]
```

Analyse sur le poste de travail

Aussi bien sous Windows que sous Linux, il est possible d'utiliser l'utilitaire Ethereal pour détailler les échanges entre le poste de travail et l'équipement réseau.

Sous Windows, il suffit de cliquer sur l'icône du logiciel et de sélectionner l'interface réseau qui doit être analysée.

Sous Linux, il faut passer la commande :

```
tetherreal -i wlan0
```

On obtient le listing suivant où l'on voit d'abord la demande d'identité et sa réponse, puis la première phase de PEAP. Elle est suivie par la deuxième dont les paquets sont chiffrés par le tunnel (Application data). Enfin, l'échange se termine par une série de requêtes EAPOL key qui correspond à l'échange de clés entre la borne et le poste de travail.

```
00:13:19:20:E7:65 -> 00:13:ce:a8:90:67 EAP Request, Identity [RFC3748]
00:13:ce:a8:90:67 -> 00:13:19:20:E7:65 EAP Response, Identity [RFC3748]
00:13:19:20:E7:65 -> 00:13:ce:a8:90:67 EAP Request, PEAP [Palekar]
00:13:ce:a8:90:67 -> 00:13:19:20:E7:65 TLS Client Hello
00:13:19:20:E7:65 -> 00:13:ce:a8:90:67 EAP Request, PEAP [Palekar]
00:13:ce:a8:90:67 -> 00:13:19:20:E7:65 EAP Response, PEAP [Palekar]
00:13:19:20:E7:65 -> 00:13:ce:a8:90:67 TLS Server Hello, Certificate,
Server Hello Done
00:13:ce:a8:90:67 -> 00:13:19:20:E7:65 TLS Client Key Exchange, Change
Cipher Spec, Encrypted Handshake Message
00:13:19:20:E7:65 -> 00:13:ce:a8:90:67 TLS Change Cipher Spec,
Encrypted Handshake Message
00:13:ce:a8:90:67 -> 00:13:19:20:E7:65 EAP Response, PEAP [Palekar]
00:13:19:20:E7:65 -> 00:13:ce:a8:90:67 TLS Application Data,
Application Data
00:13:ce:a8:90:67 -> 00:13:19:20:E7:65 TLS Application Data,
Application Data
00:13:19:20:E7:65 -> 00:13:ce:a8:90:67 TLS Application Data,
```

```
Application Data
00:13:ce:a8:90:67 -> 00:13:19:20:E7:65 TLS Application Data,
Application Data
00:13:19:20:E7:65 -> 00:13:ce:a8:90:67 TLS Application Data,
Application Data
00:13:ce:a8:90:67 -> 00:13:19:20:E7:65 TLS Application Data,
Application Data
00:13:19:20:E7:65 -> 00:13:ce:a8:90:67 TLS Application Data,
Application Data
00:13:ce:a8:90:67 -> 00:13:19:20:E7:65 TLS Application Data,
Application Data
00:13:19:20:E7:65 -> 00:13:ce:a8:90:67 EAP Success
00:13:19:20:E7:65 -> 00:13:ce:a8:90:67 EAPOL Key
00:13:ce:a8:90:67 -> 00:13:19:20:E7:65 EAPOL Key
00:13:19:20:E7:65 -> 00:13:ce:a8:90:67 EAPOL Key
00:13:ce:a8:90:67 -> 00:13:19:20:E7:65 EAPOL Key
00:13:19:20:E7:65 -> 00:13:ce:a8:90:67 EAPOL Key
00:13:ce:a8:90:67 -> 00:13:19:20:E7:65 EAPOL Key
```

Sous Linux, la commande `wpa_supplicant` donne aussi quelques informations sur ce qu'elle fait. Il est possible d'augmenter sa verbosité avec l'option -d.

```
wpa_supplicant -Dndiswrapper -i wlan0 -c /etc/wpa_supplicant.conf
rying to associate with SSID 'monreseau'
ssociated with 00:13:19:20:e7:65
TRL-EVENT-EAP-STARTED EAP authentication started
TRL-EVENT-EAP-METHOD EAP method 25 (PEAP) selected
AP-MSCHAPV2: Authentication succeeded
AP-TLV: TLV Result - Success - EAP-TLV/Phase2 Completed
TRL-EVENT-EAP-SUCCESS EAP authentication completed successfully
PA: Key negotiation completed with 00:13:19:20:e7:65 [PTK=TKIP
GTK=TKIP]
TRL-EVENT-CONNECTED - Connection to 00:13:19:20:e7:65 completed (auth)
PA: Group rekeying completed with 00:13:19:20:e7:65 [GTK=TKIP]
PA: Group rekeying completed with 00:13:19:20:e7:65 [GTK=TKIP]
```

Les derniers messages correspondent à la mise à jour périodique de la clé de groupe (GTK). La fréquence est fonction du paramétrage sur la borne (si celui-ci est possible).

Références

La plupart des protocoles qui sont étudiés dans cet ouvrage font l'objet de spécifications de standardisation décrites dans des RFC (*Request For Comments*), et listés ci-dessous.

Sauf indication particulière, les documents cités peuvent être trouvés sur le site http://www.rfc-editor.org.

Radius

- RFC 2865 : Remote Authentication Dial In User Services (Radius) ;
- RFC 3575 : IANA Considerations for RADIUS ;
- RFC 2548 : Microsoft Vendor Specific RADIUS Attributes.

Radius et EAP

- RFC 2869 : Radius Extensions ;
- RFC 3579 : Radius Support for Extensible Authentication Protocol (EAP) ;
- RFC 2868 : Radius Attributes for Tunnel Support ;
- RFC 4137 : State machine for Extensible Authentication Protocol (EAP) ;
- RFC 3748 : Extensible Authentication Protocole (EAP) ;
- RFC 3580 : IEEE 802.1X Remote Authentication Dial In User Services (radius) Usage Guidelines.

TLS

- RFC 4346 : The Transport Layer Security (TLS) Protocol Version 1.1 ;
- RFC 4366 : Transport Layer Security (TLS) Extensions ;
- RFC 2716 : PPP EAP TLS Authentication Protocol.

TTLS

- EAP Tunneled TLS Authentication Protocol (EAP-TTLS).
  http://www3.ietf.org/proceedings/04nov/IDs/draft-ietf-pppext-eap-ttls-05.txt

PEAP

- Microsoft's PEAP Version 0 (Implementation in Windows XP SP1).
  http://mirrors.isc.org/pub/www.watersprings.org/pub/id/draft-kamath-pppext-peapv0-00.txt
- Protected EAP Protocol (PEAP) Version 1.
  http://ietfreport.isoc.org/all-ids/draft-josefsson-pppext-eap-tls-eap-05.txt
- Protected EAP Protocol (PEAP) Version 2.
  http://ietfreport.isoc.org/all-ids/draft-josefsson-pppext-eap-tls-eap-10.txt

LDAP

- RFC 2251 : Lightweight Directory Access Protocol (LDAP).

Certificats X509

- RFC 3280 : Internet X.509 Public Key Infrastructure Certificate and Certificate
  Revocation List (CRL) Profile

À voir également

- FreeRadius : http://www.freeradius.org
- Samba : http://www.samba.org
- Ldap : http://www.openldap.org
- Xsupplicant : http://open1x.sourceforge.net
- Wpa_supplicant : http://hostap.epitest.fi/wpa_supplicant

B

La RFC 2865 – RADIUS

La RFC 2865, *Remote Authentication Dial in User Service* (RADIUS), est la référence principale du protocole Radius. Ce document peut se diviser en trois grandes parties. En première partie, la **section 1**, « *Introduction* » (p 170), introduit le protocole et donne la définition de quelques termes. La **section 2**, « *Operation* » (p 171), décrit les principes de fonctionnement du protocole (émission des requêtes, principes des challenges/responses, proxy, etc.).

En deuxième partie, les **sections 3**, « *Packet Format* » (p 175), et 4, « *Packet Types* » (p 177), décrivent le format des paquets Radius avec la définition de chaque champ ainsi que les différents types de paquets (`Access-Request`, `Access-Accept`, `Access-Reject`, `Access-Challenge`). La **section 5**, « *Attributes* » (p 179), décrit les attributs Radius. On y trouve une introduction expliquant la nature de ces attributs, leur format et les types possibles. Un paragraphe par attribut détaille les caractéristiques de chacun d'eux.

Enfin en troisième partie, la **section 6**, « *IANA Considerations* » (p 200), décrit la politique d'allocation des numéros d'attributs telle qu'elle est déclarée à l'IANA (*Internet Assigned Numbers Authority*). La **section 7**, « *Examples* » (p 201), donne quelques exemples de paquets dont le contenu est détaillé. La **section 8**, « *Security Considerations* » (p 204), est une discussion autour de l'utilisation des mots de passe des utilsateurs. La **section 9**, « *Change Log* » (p 204), fait la liste des modifications que la RFC 2865 a apportées au document précédent, la RFC 2138.

Les **sections 10, 11** donnent une liste de références et de remerciements, les **sections 12 et 13** indiquent comment contacter les auteurs de la norme, avant une dernière mention de copyright.

Le texte de la RFC publié ci-après provient du site RFC Editor.

> ftp://ftp.rfc-editor.org/in-notes/rfc2865.txt

```
Network Working Group                              C. Rigney
Request for Comments: 2865                        S. Willens
Obsoletes: 2138                                   Livingston
Category: Standards Track                          A. Rubens
                                                       Merit
                                                  W. Simpson
                                                  Daydreamer
                                                   June 2000


            Remote Authentication Dial In User Service (RADIUS)

Status of this Memo

   This document specifies an Internet standards track protocol for the
   Internet community, and requests discussion and suggestions for
   improvements.  Please refer to the current edition of the "Internet
   Official Protocol Standards" (STD 1) for the standardization state
   and status of this protocol.  Distribution of this memo is unlimited.

Copyright Notice

   Copyright (C) The Internet Society (2000).  All Rights Reserved.

IESG Note:

   This protocol is widely implemented and used.  Experience has shown
   that it can suffer degraded performance and lost data when used in
   large scale systems, in part because it does not include provisions
   for congestion control.  Readers of this document may find it
   beneficial to track the progress of the IETF's AAA working group,
   which may develop a successor protocol that better addresses the
   scaling and congestion control issues.

Abstract

   This document describes a protocol for carrying authentication,
   authorization, and configuration information between a Network Access
   Server which desires to authenticate its links and a shared
   Authentication Server.

Implementation Note

   This memo documents the RADIUS protocol.  The early deployment of
   RADIUS was done using UDP port number 1645, which conflicts with the
   "datametrics" service.  The officially assigned port number for
   RADIUS is 1812.



Rigney, et al.            Standards Track                 [Page 1]
```

```
RFC 2865                     RADIUS                    June 2000


Table of Contents
```



```
Rigney, et al.            Standards Track                 [Page 2]
```

RFC 2865   RADIUS   June 2000

1. Introduction

This document obsoletes RFC 2138 [1]. A summary of the changes
between this document and RFC 2138 is available in the "Change Log"
appendix.

Managing dispersed serial line and modem pools for large numbers of
users can create the need for significant administrative support.
Since modem pools are by definition a link to the outside world, they
require careful attention to security, authorization and accounting.
This can be best achieved by managing a single "database" of users,
which allows for authentication (verifying user name and password) as
well as configuration information detailing the type of service to
deliver to the user (for example, SLIP, PPP, telnet, rlogin).

RFC 2865   RADIUS   June 2000

Key features of RADIUS are:

Client/Server Model

   A Network Access Server (NAS) operates as a client of RADIUS. The
   client is responsible for passing user information to designated
   RADIUS servers, and then acting on the response which is returned.

   RADIUS servers are responsible for receiving user connection
   requests, authenticating the user, and then returning all
   configuration information necessary for the client to deliver
   service to the user.

   A RADIUS server can act as a proxy client to other RADIUS servers
   or other kinds of authentication servers.

Network Security

   Transactions between the client and RADIUS server are
   authenticated through the use of a shared secret, which is never
   sent over the network. In addition, any user passwords are sent
   encrypted between the client and RADIUS server, to eliminate the
   possibility that someone snooping on an unsecure network could
   determine a user's password.

Flexible Authentication Mechanisms

   The RADIUS server can support a variety of methods to authenticate
   a user. When it is provided with the user name and original
   password given by the user, it can support PPP PAP or CHAP, UNIX
   login, and other authentication mechanisms.

Extensible Protocol

   All transactions are comprised of variable length Attribute-
   Length-Value 3-tuples. New attribute values can be added without
   disturbing existing implementations of the protocol.

1.1. Specification of Requirements

The key words "MUST", "MUST NOT", "REQUIRED", "SHALL", "SHALL NOT",
"SHOULD", "SHOULD NOT", "RECOMMENDED", "MAY", and "OPTIONAL" in this
document are to be interpreted as described in BCP 14 [2]. These key
words mean the same thing whether capitalized or not.

An implementation is not compliant if it fails to satisfy one or more
of the must or must not requirements for the protocols it implements.
An implementation that satisfies all the must, must not, should and

RFC 2865   RADIUS   June 2000

should not requirements for its protocols is said to be
"unconditionally compliant"; one that satisfies all the must and must
not requirements but not all the should or should not requirements
for its protocols is said to be "conditionally compliant".

A NAS that does not implement a given service MUST NOT implement the
RADIUS attributes for that service. For example, a NAS that is
unable to offer ARAP service MUST NOT implement the RADIUS attributes
for ARAP. A NAS MUST treat a RADIUS access-accept authorizing an
unavailable service as an access-reject instead.

1.2. Terminology

This document frequently uses the following terms:

service   The NAS provides a service to the dial-in user, such as PPP
          or Telnet.

session   Each service provided by the NAS to a dial-in user
          constitutes a session, with the beginning of the session
          defined as the point where service is first provided and
          the end of the session defined as the point where service
          is ended. A user may have multiple sessions in parallel or
          series if the NAS supports that.

silently discard
          This means the implementation discards the packet without
          further processing. The implementation SHOULD provide the
          capability of logging the error, including the contents of
          the silently discarded packet, and SHOULD record the event
          in a statistics counter.

2. Operation

When a client is configured to use RADIUS, any user of the client
presents authentication information to the client. This might be
with a customizable login prompt, where the user is expected to enter
their username and password. Alternatively, the user might use a
link framing protocol such as the Point-to-Point Protocol (PPP),
which has authentication packets which carry this information.

Once the client has obtained such information, it may choose to
authenticate using RADIUS. To do so, the client creates an "Access-
Request" containing such Attributes as the user's name, the user's
password, the ID of the client and the Port ID which the user is
accessing. When a password is present, it is hidden using a method
based on the RSA Message Digest Algorithm MD5 [3].

Rigney, et al.   Standards Track   [Page 5]

RFC 2865   RADIUS   June 2000

The Access-Request is submitted to the RADIUS server via the network.
If no response is returned within a length of time, the request is
re-sent a number of times. The client can also forward requests to
an alternate server or servers in the event that the primary server
is down or unreachable. An alternate server can be used either after
a number of tries to the primary server fail, or in a round-robin
fashion. Retry and fallback algorithms are the topic of current
research and are not specified in detail in this document.

Once the RADIUS server receives the request, it validates the sending
client. A request from a client for which the RADIUS server does not
have a shared secret MUST be silently discarded. If the client is
valid, the RADIUS server consults a database of users to find the
user whose name matches the request. The user entry in the database
contains a list of requirements which must be met to allow access for
the user. This always includes verification of the password, but can
also specify the client(s) or port(s) to which the user is allowed
access.

The RADIUS server MAY make requests of other servers in order to
satisfy the request, in which case it acts as a client.

If any Proxy-State attributes were present in the Access-Request,
they MUST be copied unmodified and in order into the response packet.
Other Attributes can be placed before, after, or even between the
Proxy-State attributes.

If any condition is not met, the RADIUS server sends an "Access-
Reject" response indicating that this user request is invalid. If
desired, the server MAY include a text message in the Access-Reject
which MAY be displayed by the client to the user. No other
Attributes (except Proxy-State) are permitted in an Access-Reject.

If all conditions are met and the RADIUS server wishes to issue a
challenge to which the user must respond, the RADIUS server sends an
"Access-Challenge" response. It MAY include a text message to be
displayed by the client to the user prompting for a response to the
challenge, and MAY include a State attribute.

If the client receives an Access-Challenge and supports
challenge/response it MAY display the text message, if any, to the
user, and then prompt the user for a response. The client then re-
submits its original Access-Request with a new request ID, with the
User-Password Attribute replaced by the response (encrypted), and
including the State Attribute from the Access-Challenge, if any.
Only 0 or 1 instances of the State Attribute SHOULD be

Rigney, et al.   Standards Track   [Page 6]

RFC 2865   RADIUS   June 2000

present in a request. The server can respond to this new Access-Request with either an Access-Accept, an Access-Reject, or another Access-Challenge.

If all conditions are met, the list of configuration values for the user are placed into an "Access-Accept" response. These values include the type of service (for example: SLIP, PPP, Login User) and all necessary values to deliver the desired service. For SLIP and PPP, this may include values such as IP address, subnet mask, MTU, desired compression, and desired packet filter identifiers. For character mode users, this may include values such as desired protocol and host.

2.1. Challenge/Response

In challenge/response authentication, the user is given an unpredictable number and challenged to encrypt it and give back the result. Authorized users are equipped with special devices such as smart cards or software that facilitate calculation of the correct response with ease. Unauthorized users, lacking the appropriate device or software and lacking knowledge of the secret key necessary to emulate such a device or software, can only guess at the response.

The Access-Challenge packet typically contains a Reply-Message including a challenge to be displayed to the user, such as a numeric value unlikely ever to be repeated. Typically this is obtained from an external server that knows what type of authenticator is in the possession of the authorized user and can therefore choose a random or non-repeating pseudorandom number of an appropriate radix and length.

The user then enters the challenge into his device (or software) and it calculates a response, which the user enters into the client which forwards it to the RADIUS server via a second Access-Request. If the response matches the expected response the RADIUS server replies with an Access-Accept, otherwise an Access-Reject.

Example: The NAS sends an Access-Request packet to the RADIUS Server with NAS-Identifier, NAS-Port, User-Name, User-Password (which may just be a fixed string like "challenge" or ignored). The server sends back an Access-Challenge packet with State and a Reply-Message along the lines of "Challenge 12345678, enter your response at the prompt" which the NAS displays. The NAS prompts for the response and sends a NEW Access-Request to the server (with a new ID) with NAS-Identifier, NAS-Port, User-Name, User-Password (the response just entered by the user, encrypted), and the same State Attribute that

RFC 2865   RADIUS   June 2000

came with the Access-Challenge. The server then sends back either an Access-Accept or Access-Reject based on whether the response matches the required value, or it can even send another Access-Challenge.

2.2. Interoperation with PAP and CHAP

For PAP, the NAS takes the PAP ID and password and sends them in an Access-Request packet as the User-Name and User-Password. The NAS MAY include the Attributes Service-Type = Framed-User and Framed-Protocol = PPP as a hint to the RADIUS server that PPP service is expected.

For CHAP, the NAS generates a random challenge (preferably 16 octets) and sends it to the user, who returns a CHAP response along with a CHAP ID and CHAP username. The NAS then sends an Access-Request packet to the RADIUS server with the CHAP username as the User-Name and with the CHAP ID and CHAP response as the CHAP-Password (Attribute 3). The random challenge can either be included in the CHAP-Challenge attribute or, if it is 16 octets long, it can be placed in the Request Authenticator field of the Access-Request packet. The NAS MAY include the Attributes Service-Type = Framed-User and Framed-Protocol = PPP as a hint to the RADIUS server that PPP service is expected.

The RADIUS server looks up a password based on the User-Name, encrypts the challenge using MD5 on the CHAP ID octet, that password, and the CHAP challenge (from the CHAP-Challenge attribute if present, otherwise from the Request Authenticator), and compares that result to the CHAP-Password. If they match, the server sends back an Access-Accept, otherwise it sends back an Access-Reject.

If the RADIUS server is unable to perform the requested authentication it MUST return an Access-Reject. For example, CHAP requires that the user's password be available in cleartext to the server so that it can encrypt the CHAP challenge and compare that to the CHAP response. If the password is not available in cleartext to the RADIUS server then the server MUST send an Access-Reject to the client.

2.3. Proxy

With proxy RADIUS, one RADIUS server receives an authentication (or accounting) request from a RADIUS client (such as a NAS), forwards the request to a remote RADIUS server, receives the reply from the remote server, and sends that reply to the client, possibly with changes to reflect local administrative policy. A common use for proxy RADIUS is roaming. Roaming permits two or more administrative entities to allow each other's users to dial in to either entity's network for service.

RFC 2865   RADIUS   June 2000

The NAS sends its RADIUS access-request to the "forwarding server"
which forwards it to the "remote server". The remote server sends a
response (Access-Accept, Access-Reject, or Access-Challenge) back to
the forwarding server, which sends it back to the NAS. The User-Name
attribute MAY contain a Network Access Identifier [8] for RADIUS
Proxy operations. The choice of which server receives the forwarded
request SHOULD be based on the authentication "realm". The
authentication realm MAY be the realm part of a Network Access
Identifier (a "named realm"). Alternatively, the choice of which
server receives the forwarded request MAY be based on whatever other
criteria the forwarding server is configured to use, such as Called-
Station-Id (a "numbered realm").

A RADIUS server can function as both a forwarding server and a remote
server, serving as a forwarding server for some realms and a remote
server for other realms. One forwarding server can act as a
forwarder for any number of remote servers. A remote server can have
any number of servers forwarding to it and can provide authentication
for any number of realms. One forwarding server can forward to
another forwarding server to create a chain of proxies, although care
must be taken to avoid introducing loops.

The following scenario illustrates a proxy RADIUS communication
between a NAS and the forwarding and remote RADIUS servers:

1. A NAS sends its access-request to the forwarding server.

2. The forwarding server forwards the access-request to the remote
   server.

3. The remote server sends an access-accept, access-reject or
   access-challenge back to the forwarding server. For this example,
   an access-accept is sent.

4. The forwarding server sends the access-accept to the NAS.

The forwarding server MUST treat any Proxy-State attributes already
in the packet as opaque data. Its operation MUST NOT depend on the
content of Proxy-State attributes added by previous servers.

If there are any Proxy-State attributes in the request received from
the client, the forwarding server MUST include those Proxy-State
attributes in its reply to the client. The forwarding server MAY
include the Proxy-State attributes in the access-request when it
forwards the request, or MAY omit them in the forwarded request. If
the forwarding server omits the Proxy-State attributes in the
forwarded access-request, it MUST attach them to the response before
sending it to the client.

Rigney, et al.   Standards Track   [Page 9]

RFC 2865   RADIUS   June 2000

We now examine each step in more detail.

1. A NAS sends its access-request to the forwarding server. The
   forwarding server decrypts the User-Password, if present, using
   the shared secret it knows for the NAS. If a CHAP-Password
   attribute is present in the packet and no CHAP-Challenge attribute
   is present, the forwarding server MUST leave the Request-
   Authenticator untouched or copy it to a CHAP-Challenge attribute.

'' The forwarding server MAY add one Proxy-State attribute to the
   packet. (It MUST NOT add more than one.) If it adds a Proxy-
   State, the Proxy-State MUST appear after any other Proxy-States in
   the packet. The forwarding server MUST NOT modify any other
   Proxy-States that were in the packet (it may choose not to forward
   them, but it MUST NOT change their contents). The forwarding
   server MUST NOT change the order of any attributes of the same
   type, including Proxy-State.

2. The forwarding server encrypts the User-Password, if present,
   using the secret it shares with the remote server, sets the
   Identifier as needed, and forwards the access-request to the
   remote server.

3. The remote server (if the final destination) verifies the user
   using User-Password, CHAP-Password, or such method as future
   extensions may dictate, and returns an access-accept, access-
   reject or access-challenge back to the forwarding server. For
   this example, an access-accept is sent. The remote server MUST
   copy all Proxy-State attributes (and only the Proxy-State
   attributes) in order from the access-request to the response
   packet, without modifying them.

4. The forwarding server verifies the Response Authenticator using
   the secret it shares with the remote server, and silently discards
   the packet if it fails verification. If the packet passes
   verification, the forwarding server removes the last Proxy-State
   (if it attached one), signs the Response Authenticator using the
   secret it shares with the NAS, restores the Identifier to match
   the one in the original request by the NAS, and sends the access-
   accept to the NAS.

A forwarding server MAY need to modify attributes to enforce local
policy. Such policy is outside the scope of this document, with the
following restrictions. A forwarding server MUST not modify existing
Proxy-State, State, or Class attributes present in the packet.

Rigney, et al.   Standards Track   [Page 10]

RFC 2865   RADIUS   June 2000

Implementers of forwarding servers should consider carefully which
values it is willing to accept for Service-Type. Careful
consideration must be given to the effects of passing along Service-
Types of NAS-Prompt or Administrative in a proxied Access-Accept, and
implementers may wish to provide mechanisms to block those or other
service types, or other attributes. Such mechanisms are outside the
scope of this document.

2.4. Why UDP?

A frequently asked question is why RADIUS uses UDP instead of TCP as
a transport protocol. UDP was chosen for strictly technical reasons.

There are a number of issues which must be understood. RADIUS is a
transaction based protocol which has several interesting
characteristics:

1. If the request to a primary Authentication server fails, a
   secondary server must be queried.

   To meet this requirement, a copy of the request must be kept above
   the transport layer to allow for alternate transmission. This
   means that retransmission timers are still required.

2. The timing requirements of this particular protocol are
   significantly different than TCP provides.

   At one extreme, RADIUS does not require a "responsive" detection
   of lost data. The user is willing to wait several seconds for the
   authentication to complete. The generally aggressive TCP
   retransmission (based on average round trip time) is not required,
   nor is the acknowledgement overhead of TCP.

   At the other extreme, the user is not willing to wait several
   minutes for authentication. Therefore the reliable delivery of
   TCP data two minutes later is not useful. The faster use of an
   alternate server allows the user to gain access before giving up.

3. The stateless nature of this protocol simplifies the use of UDP.

   Clients and servers come and go. Systems are rebooted, or are
   power cycled independently. Generally this does not cause a
   problem and with creative timeouts and detection of lost TCP
   connections, code can be written to handle anomalous events. UDP
   however completely eliminates any of this special handling. Each
   client and server can open their UDP transport just once and leave
   it open through all types of failure events on the network.

Rigney, et al.   Standards Track   [Page 11]

RFC 2865   RADIUS   June 2000

4. UDP simplifies the server implementation.

   In the earliest implementations of RADIUS, the server was single
   threaded. This means that a single request was received,
   processed, and returned. This was found to be unmanageable in
   environments where the back-end security mechanism took real time
   (1 or more seconds). The server request queue would fill and in
   environments where hundreds of people were being authenticated
   every minute, the request turn-around time increased to longer
   than users were willing to wait (this was especially severe when a
   specific lookup in a database or over DNS took 30 or more
   seconds). The obvious solution was to make the server multi-
   threaded. Achieving this was simple with UDP. Separate processes
   were spawned to serve each request and these processes could
   respond directly to the client NAS with a simple UDP packet to the
   original transport of the client.

It's not all a panacea. As noted, using UDP requires one thing which
is built into TCP: with UDP we must artificially manage
retransmission timers to the same server, although they don't require
the same attention to timing provided by TCP. This one penalty is a
small price to pay for the advantages of UDP in this protocol.

Without TCP we would still probably be using tin cans connected by
string. But for this particular protocol, UDP is a better choice.

2.5. Retransmission Hints

If the RADIUS server and alternate RADIUS server share the same
shared secret, it is OK to retransmit the packet to the alternate
RADIUS server with the same ID and Request Authenticator, because the
content of the attributes haven't changed. If you want to use a new
Request Authenticator when sending to the alternate server, you may.

If you change the contents of the User-Password attribute (or any
other attribute), you need a new Request Authenticator and therefore
a new ID.

If the NAS is retransmitting a RADIUS request to the same server as
before, and the attributes haven't changed, you MUST use the same
Request Authenticator, ID, and source port. If any attributes have
changed, you MUST use a new Request Authenticator and ID.

A NAS MAY use the same ID across all servers, or MAY keep track of
IDs separately for each server, it is up to the implementer. If a
NAS needs more than 256 IDs for outstanding requests, it MAY use

Rigney, et al.   Standards Track   [Page 12]

```
RFC 2865                      RADIUS                  June 2000


   additional source ports to send requests from, and keep track of IDs
   for each source port.  This allows up to 16 million or so outstanding
   requests at one time to a single server.

2.6.  Keep-Alives Considered Harmful

   Some implementers have adopted the practice of sending test RADIUS
   requests to see if a server is alive.  This practice is strongly
   discouraged, since it adds to load and harms scalability without
   providing any additional useful information.  Since a RADIUS request
   is contained in a single datagram, in the time it would take you to
   send a ping you could just send the RADIUS request, and getting a
   reply tells you that the RADIUS server is up.  If you do not have a
   RADIUS request to send, it does not matter if the server is up or
   not, because you are not using it.

   If you want to monitor your RADIUS server, use SNMP.  That's what
   SNMP is for.

3.  Packet Format

   Exactly one RADIUS packet is encapsulated in the UDP Data field [4],
   where the UDP Destination Port field indicates 1812 (decimal).

   When a reply is generated, the source and destination ports are
   reversed.

   This memo documents the RADIUS protocol.  The early deployment of
   RADIUS was done using UDP port number 1645, which conflicts with the
   "datametrics" service.  The officially assigned port number for
   RADIUS is 1812.
```



```
RFC 2865                      RADIUS                  June 2000


   A summary of the RADIUS data format is shown below.  The fields are
   transmitted from left to right.

    0                   1                   2                   3
    0 1 2 3 4 5 6 7 8 9 0 1 2 3 4 5 6 7 8 9 0 1 2 3 4 5 6 7 8 9 0 1
   +-+-+-+-+-+-+-+-+-+-+-+-+-+-+-+-+-+-+-+-+-+-+-+-+-+-+-+-+-+-+-+-+
   |     Code      |  Identifier   |            Length             |
   +-+-+-+-+-+-+-+-+-+-+-+-+-+-+-+-+-+-+-+-+-+-+-+-+-+-+-+-+-+-+-+-+
   |                                                               |
   |                         Authenticator                         |
   |                                                               |
   |                                                               |
   +-+-+-+-+-+-+-+-+-+-+-+-+-+-+-+-+-+-+-+-+-+-+-+-+-+-+-+-+-+-+-+-+
   |  Attributes ...
   +-+-+-+-+-+-+-+-+-+-+-+-+-+-

Code

   The Code field is one octet, and identifies the type of RADIUS
   packet.  When a packet is received with an invalid Code field, it
   is silently discarded.

   RADIUS Codes (decimal) are assigned as follows:

      1       Access-Request
      2       Access-Accept
      3       Access-Reject
      4       Accounting-Request
      5       Accounting-Response
     11       Access-Challenge
     12       Status-Server (experimental)
     13       Status-Client (experimental)
    255       Reserved

   Codes 4 and 5 are covered in the RADIUS Accounting document [5].
   Codes 12 and 13 are reserved for possible use, but are not further
   mentioned here.

Identifier

   The Identifier field is one octet, and aids in matching requests
   and replies.  The RADIUS server can detect a duplicate request if
   it has the same client source IP address and source UDP port and
   Identifier within a short span of time.
```

RFC 2865   RADIUS   June 2000

Length

   The Length field is two octets. It indicates the length of the
   packet including the Code, Identifier, Length, Authenticator and
   Attribute fields. Octets outside the range of the Length field
   MUST be treated as padding and ignored on reception. If the
   packet is shorter than the Length field indicates, it MUST be
   silently discarded. The minimum length is 20 and maximum length
   is 4096.

Authenticator

   The Authenticator field is sixteen (16) octets. The most
   significant octet is transmitted first. This value is used to
   authenticate the reply from the RADIUS server, and is used in the
   password hiding algorithm.

Request Authenticator

   In Access-Request Packets, the Authenticator value is a 16
   octet random number, called the Request Authenticator. The
   value SHOULD be unpredictable and unique over the lifetime of a
   secret (the password shared between the client and the RADIUS
   server), since repetition of a request value in conjunction
   with the same secret would permit an attacker to reply with a
   previously intercepted response. Since it is expected that the
   same secret MAY be used to authenticate with servers in
   disparate geographic regions, the Request Authenticator field
   SHOULD exhibit global and temporal uniqueness.

   The Request Authenticator value in an Access-Request packet
   SHOULD also be unpredictable, lest an attacker trick a server
   into responding to a predicted future request, and then use the
   response to masquerade as that server to a future Access-
   Request.

   Although protocols such as RADIUS are incapable of protecting
   against theft of an authenticated session via realtime active
   wiretapping attacks, generation of unique unpredictable
   requests can protect against a wide range of active attacks
   against authentication.

   The NAS and RADIUS server share a secret. That shared secret
   followed by the Request Authenticator is put through a one-way
   MD5 hash to create a 16 octet digest value which is xored with
   the password entered by the user, and the xored result placed

RFC 2865   RADIUS   June 2000

   in the User-Password attribute in the Access-Request packet.
   See the entry for User-Password in the section on Attributes
   for a more detailed description.

Response Authenticator

   The value of the Authenticator field in Access-Accept, Access-
   Reject, and Access-Challenge packets is called the Response
   Authenticator, and contains a one-way MD5 hash calculated over
   a stream of octets consisting of: the RADIUS packet, beginning
   with the Code field, including the Identifier, the Length, the
   Request Authenticator field from the Access-Request packet, and
   the response Attributes, followed by the shared secret. That
   is, ResponseAuth =
   MD5(Code+ID+Length+RequestAuth+Attributes+Secret) where +
   denotes concatenation.

Administrative Note

   The secret (password shared between the client and the RADIUS
   server) SHOULD be at least as large and unguessable as a well-
   chosen password. It is preferred that the secret be at least 16
   octets. This is to ensure a sufficiently large range for the
   secret to provide protection against exhaustive search attacks.
   The secret MUST NOT be empty (length 0) since this would allow
   packets to be trivially forged.

   A RADIUS server MUST use the source IP address of the RADIUS UDP
   packet to decide which shared secret to use, so that RADIUS
   requests can be proxied.

   When using a forwarding proxy, the proxy must be able to alter the
   packet as it passes through in each direction - when the proxy
   forwards the request, the proxy MAY add a Proxy-State Attribute,
   and when the proxy forwards a response, it MUST remove its Proxy-
   State Attribute if it added one. Proxy-State is always added or
   removed after any other Proxy-States, but no other assumptions
   regarding its location within the list of attributes can be made.
   Since Access-Accept and Access-Reject replies are authenticated on
   the entire packet contents, the stripping of the Proxy-State
   attribute invalidates the signature in the packet - so the proxy
   has to re-sign it.

   Further details of RADIUS proxy implementation are outside the
   scope of this document.

```
RFC 2865                        RADIUS                     June 2000

4.  Packet Types

   The RADIUS Packet type is determined by the Code field in the first
   octet of the Packet.

4.1.  Access-Request

   Description

      Access-Request packets are sent to a RADIUS server, and convey
      information used to determine whether a user is allowed access to
      a specific NAS, and any special services requested for that user.
      An implementation wishing to authenticate a user MUST transmit a
      RADIUS packet with the Code field set to 1 (Access-Request).

      Upon receipt of an Access-Request from a valid client, an
      appropriate reply MUST be transmitted.

      An Access-Request SHOULD contain a User-Name attribute.  It MUST
      contain either a NAS-IP-Address attribute or a NAS-Identifier
      attribute (or both).

      An Access-Request MUST contain either a User-Password or a CHAP-
      Password or a State.  An Access-Request MUST NOT contain both a
      User-Password and a CHAP-Password.  If future extensions allow
      other kinds of authentication information to be conveyed, the
      attribute for that can be used in an Access-Request instead of
      User-Password or CHAP-Password.

      An Access-Request SHOULD contain a NAS-Port or NAS-Port-Type
      attribute or both unless the type of access being requested does
      not involve a port or the NAS does not distinguish among its
      ports.

      An Access-Request MAY contain additional attributes as a hint to
      the server, but the server is not required to honor the hint.

      When a User-Password is present, it is hidden using a method based
      on the RSA Message Digest Algorithm MD5 [3].




Rigney, et al.             Standards Track                [Page 17]
```

```
RFC 2865                        RADIUS                     June 2000

      A summary of the Access-Request packet format is shown below.  The
      fields are transmitted from left to right.

       0                   1                   2                   3
       0 1 2 3 4 5 6 7 8 9 0 1 2 3 4 5 6 7 8 9 0 1 2 3 4 5 6 7 8 9 0 1
      +-+-+-+-+-+-+-+-+-+-+-+-+-+-+-+-+-+-+-+-+-+-+-+-+-+-+-+-+-+-+-+-+
      |     Code      |  Identifier   |            Length             |
      +-+-+-+-+-+-+-+-+-+-+-+-+-+-+-+-+-+-+-+-+-+-+-+-+-+-+-+-+-+-+-+-+
      |                                                               |
      |                         Request Authenticator                 |
      |                                                               |
      |                                                               |
      +-+-+-+-+-+-+-+-+-+-+-+-+-+-+-+-+-+-+-+-+-+-+-+-+-+-+-+-+-+-+-+-+
      |  Attributes ...
      +-+-+-+-+-+-+-+-+-+-+-+-+-+-

   Code

      1 for Access-Request.

   Identifier

      The Identifier field MUST be changed whenever the content of the
      Attributes field changes, and whenever a valid reply has been
      received for a previous request.  For retransmissions, the
      Identifier MUST remain unchanged.

   Request Authenticator

      The Request Authenticator value MUST be changed each time a new
      Identifier is used.

   Attributes

      The Attribute field is variable in length, and contains the list
      of Attributes that are required for the type of service, as well
      as any desired optional Attributes.

4.2.  Access-Accept

   Description

      Access-Accept packets are sent by the RADIUS server, and provide
      specific configuration information necessary to begin delivery of
      service to the user.  If all Attribute values received in an
      Access-Request are acceptable then the RADIUS implementation MUST
      transmit a packet with the Code field set to 2 (Access-Accept).




Rigney, et al.             Standards Track                [Page 18]
```

RFC 2865   RADIUS   June 2000

   On reception of an Access-Accept, the Identifier field is matched
   with a pending Access-Request. The Response Authenticator field
   MUST contain the correct response for the pending Access-Request.
   Invalid packets are silently discarded.

A summary of the Access-Accept packet format is shown below. The
fields are transmitted from left to right.

```
 0                   1                   2                   3
 0 1 2 3 4 5 6 7 8 9 0 1 2 3 4 5 6 7 8 9 0 1 2 3 4 5 6 7 8 9 0 1
+-+-+-+-+-+-+-+-+-+-+-+-+-+-+-+-+-+-+-+-+-+-+-+-+-+-+-+-+-+-+-+-+
|     Code      |  Identifier   |            Length             |
+-+-+-+-+-+-+-+-+-+-+-+-+-+-+-+-+-+-+-+-+-+-+-+-+-+-+-+-+-+-+-+-+
|                                                               |
|                   Response Authenticator                      |
|                                                               |
|                                                               |
+-+-+-+-+-+-+-+-+-+-+-+-+-+-+-+-+-+-+-+-+-+-+-+-+-+-+-+-+-+-+-+-+
|  Attributes ...
+-+-+-+-+-+-+-+-+-+-+-+-+-
```

Code

   2 for Access-Accept.

Identifier

   The Identifier field is a copy of the Identifier field of the
   Access-Request which caused this Access-Accept.

Response Authenticator

   The Response Authenticator value is calculated from the Access-
   Request value, as described earlier.

Attributes

   The Attribute field is variable in length, and contains a list of
   zero or more Attributes.

RFC 2865   RADIUS   June 2000

4.3. Access-Reject

Description

   If any value of the received Attributes is not acceptable, then
   the RADIUS server MUST transmit a packet with the Code field set
   to 3 (Access-Reject). It MAY include one or more Reply-Message
   Attributes with a text message which the NAS MAY display to the
   user.

A summary of the Access-Reject packet format is shown below. The
fields are transmitted from left to right.

```
 0                   1                   2                   3
 0 1 2 3 4 5 6 7 8 9 0 1 2 3 4 5 6 7 8 9 0 1 2 3 4 5 6 7 8 9 0 1
+-+-+-+-+-+-+-+-+-+-+-+-+-+-+-+-+-+-+-+-+-+-+-+-+-+-+-+-+-+-+-+-+
|     Code      |  Identifier   |            Length             |
+-+-+-+-+-+-+-+-+-+-+-+-+-+-+-+-+-+-+-+-+-+-+-+-+-+-+-+-+-+-+-+-+
|                                                               |
|                   Response Authenticator                      |
|                                                               |
|                                                               |
+-+-+-+-+-+-+-+-+-+-+-+-+-+-+-+-+-+-+-+-+-+-+-+-+-+-+-+-+-+-+-+-+
|  Attributes ...
+-+-+-+-+-+-+-+-+-+-+-+-+-
```

Code

   3 for Access-Reject.

Identifier

   The Identifier field is a copy of the Identifier field of the
   Access-Request which caused this Access-Reject.

Response Authenticator

   The Response Authenticator value is calculated from the Access-
   Request value, as described earlier.

Attributes

   The Attribute field is variable in length, and contains a list of
   zero or more Attributes.

```
RFC 2865                      RADIUS                  June 2000

4.4.  Access-Challenge

   Description

      If the RADIUS server desires to send the user a challenge
      requiring a response, then the RADIUS server MUST respond to the
      Access-Request by transmitting a packet with the Code field set to
      11 (Access-Challenge).

      The Attributes field MAY have one or more Reply-Message
      Attributes, and MAY have a single State Attribute, or none.
      Vendor-Specific, Idle-Timeout, Session-Timeout and Proxy-State
      attributes MAY also be included.  No other Attributes defined in
      this document are permitted in an Access-Challenge.

      On receipt of an Access-Challenge, the Identifier field is matched
      with a pending Access-Request.  Additionally, the Response
      Authenticator field MUST contain the correct response for the
      pending Access-Request.  Invalid packets are silently discarded.

      If the NAS does not support challenge/response, it MUST treat an
      Access-Challenge as though it had received an Access-Reject
      instead.

      If the NAS supports challenge/response, receipt of a valid
      Access-Challenge indicates that a new Access-Request SHOULD be
      sent.  The NAS MAY display the text message, if any, to the user,
      and then prompt the user for a response.  It then sends its
      original Access-Request with a new request ID and Request
      Authenticator, with the User-Password Attribute replaced by the
      user's response (encrypted), and including the State Attribute
      from the Access-Challenge, if any.  Only 0 or 1 instances of the
      State Attribute can be present in an Access-Request.

      A NAS which supports PAP MAY forward the Reply-Message to the
      dialing client and accept a PAP response which it can use as
      though the user had entered the response.  If the NAS cannot do
      so, it MUST treat the Access-Challenge as though it had received
      an Access-Reject instead.

Rigney, et al.            Standards Track               [Page 21]
```

```
RFC 2865                      RADIUS                  June 2000

   A summary of the Access-Challenge packet format is shown below.  The
   fields are transmitted from left to right.

    0                   1                   2                   3
    0 1 2 3 4 5 6 7 8 9 0 1 2 3 4 5 6 7 8 9 0 1 2 3 4 5 6 7 8 9 0 1
   +-+-+-+-+-+-+-+-+-+-+-+-+-+-+-+-+-+-+-+-+-+-+-+-+-+-+-+-+-+-+-+-+
   |     Code      |  Identifier   |            Length             |
   +-+-+-+-+-+-+-+-+-+-+-+-+-+-+-+-+-+-+-+-+-+-+-+-+-+-+-+-+-+-+-+-+
   |                                                               |
   |                   Response Authenticator                      |
   |                                                               |
   |                                                               |
   +-+-+-+-+-+-+-+-+-+-+-+-+-+-+-+-+-+-+-+-+-+-+-+-+-+-+-+-+-+-+-+-+
   |  Attributes ...
   +-+-+-+-+-+-+-+-+-+-+-+-+-

   Code

      11 for Access-Challenge.

   Identifier

      The Identifier field is a copy of the Identifier field of the
      Access-Request which caused this Access-Challenge.

   Response Authenticator

      The Response Authenticator value is calculated from the Access-
      Request value, as described earlier.

   Attributes

      The Attributes field is variable in length, and contains a list of
      zero or more Attributes.

5.  Attributes

   RADIUS Attributes carry the specific authentication, authorization,
   information and configuration details for the request and reply.

   The end of the list of Attributes is indicated by the Length of the
   RADIUS packet.

   Some Attributes MAY be included more than once.  The effect of this
   is Attribute specific, and is specified in each Attribute
   description.  A summary table is provided at the end of the
   "Attributes" section.

Rigney, et al.            Standards Track               [Page 22]
```

```
RFC 2865                    RADIUS                   June 2000


   If multiple Attributes with the same Type are present, the order of
   Attributes with the same Type MUST be preserved by any proxies.  The
   order of Attributes of different Types is not required to be
   preserved.  A RADIUS server or client MUST NOT have any dependencies
   on the order of attributes of different types.  A RADIUS server or
   client MUST NOT require attributes of the same type to be contiguous.

   Where an Attribute's description limits which kinds of packet it can
   be contained in, this applies only to the packet types defined in
   this document, namely Access-Request, Access-Accept, Access-Reject
   and Access-Challenge (Codes 1, 2, 3, and 11).  Other documents
   defining other packet types may also use Attributes described here.
   To determine which Attributes are allowed in Accounting-Request and
   Accounting-Response packets (Codes 4 and 5) refer to the RADIUS
   Accounting document [5].

   Likewise where packet types defined here state that only certain
   Attributes are permissible in them, future memos defining new
   Attributes should indicate which packet types the new Attributes may
   be present in.

   A summary of the Attribute format is shown below.  The fields are
   transmitted from left to right.

    0                   1                   2
    0 1 2 3 4 5 6 7 8 9 0 1 2 3 4 5 6 7 8 9 0
   +-+-+-+-+-+-+-+-+-+-+-+-+-+-+-+-+-+-+-+-+-+-
   |     Type      |    Length     |  Value ...
   +-+-+-+-+-+-+-+-+-+-+-+-+-+-+-+-+-+-+-+-+-+-

   Type

      The Type field is one octet.  Up-to-date values of the RADIUS Type
      field are specified in the most recent "Assigned Numbers" RFC [6].
      Values 192-223 are reserved for experimental use, values 224-240
      are reserved for implementation-specific use, and values 241-255
      are reserved and should not be used.

      A RADIUS server MAY ignore Attributes with an unknown Type.

      A RADIUS client MAY ignore Attributes with an unknown Type.


Rigney, et al.          Standards Track                [Page 23]
```

```
RFC 2865                    RADIUS                   June 2000


   This specification concerns the following values:

       1        User-Name
       2        User-Password
       3        CHAP-Password
       4        NAS-IP-Address
       5        NAS-Port
       6        Service-Type
       7        Framed-Protocol
       8        Framed-IP-Address
       9        Framed-IP-Netmask
      10        Framed-Routing
      11        Filter-Id
      12        Framed-MTU
      13        Framed-Compression
      14        Login-IP-Host
      15        Login-Service
      16        Login-TCP-Port
      17        (unassigned)
      18        Reply-Message
      19        Callback-Number
      20        Callback-Id
      21        (unassigned)
      22        Framed-Route
      23        Framed-IPX-Network
      24        State
      25        Class
      26        Vendor-Specific
      27        Session-Timeout
      28        Idle-Timeout
      29        Termination-Action
      30        Called-Station-Id
      31        Calling-Station-Id
      32        NAS-Identifier
      33        Proxy-State
      34        Login-LAT-Service
      35        Login-LAT-Node
      36        Login-LAT-Group
      37        Framed-AppleTalk-Link
      38        Framed-AppleTalk-Network
      39        Framed-AppleTalk-Zone
      40-59     (reserved for accounting)
      60        CHAP-Challenge
      61        NAS-Port-Type
      62        Port-Limit
      63        Login-LAT-Port


Rigney, et al.          Standards Track                [Page 24]
```

RFC 2865   RADIUS   June 2000

Length

   The Length field is one octet, and indicates the length of this
   Attribute including the Type, Length and Value fields. If an
   Attribute is received in an Access-Request but with an invalid
   Length, an Access-Reject SHOULD be transmitted. If an Attribute
   is received in an Access-Accept, Access-Reject or Access-Challenge
   packet with an invalid length, the packet MUST either be treated
   as an Access-Reject or else silently discarded.

Value

   The Value field is zero or more octets and contains information
   specific to the Attribute. The format and length of the Value
   field is determined by the Type and Length fields.

   Note that none of the types in RADIUS terminate with a NUL (hex
   00). In particular, types "text" and "string" in RADIUS do not
   terminate with a NUL (hex 00). The Attribute has a length field
   and does not use a terminator. Text contains UTF-8 encoded 10646
   [7] characters and String contains 8-bit binary data. Servers and
   servers and clients MUST be able to deal with embedded nulls.
   RADIUS implementers using C are cautioned not to use strcpy() when
   handling strings.

   The format of the value field is one of five data types. Note
   that type "text" is a subset of type "string".

   text   1-253 octets containing UTF-8 encoded 10646 [7]
             characters. Text of length zero (0) MUST NOT be sent;
             omit the entire attribute instead.

   string   1-253 octets containing binary data (values 0 through
             255 decimal, inclusive). Strings of length zero (0)
             MUST NOT be sent; omit the entire attribute instead.

   address   32 bit value, most significant octet first.

   integer   32 bit unsigned value, most significant octet first.

   time   32 bit unsigned value, most significant octet first --
             seconds since 00:00:00 UTC, January 1, 1970. The
             standard Attributes do not use this data type but it is
             presented here for possible use in future attributes.

Rigney, et al.   Standards Track   [Page 25]

RFC 2865   RADIUS   June 2000

5.1. User-Name

   Description

      This Attribute indicates the name of the user to be authenticated.
      It MUST be sent in Access-Request packets if available.

      It MAY be sent in an Access-Accept packet, in which case the
      client SHOULD use the name returned in the Access-Accept packet in
      all Accounting-Request packets for this session. If the Access-
      Accept includes Service-Type = Rlogin and the User-Name attribute,
      a NAS MAY use the returned User-Name when performing the Rlogin
      function.

      A summary of the User-Name Attribute format is shown below. The
      fields are transmitted from left to right.

       0   1   2
       0 1 2 3 4 5 6 7 8 9 0 1 2 3 4 5 6 7 8 9 0 1
      +-
      | Type | Length | String ...
      +-

   Type

      1 for User-Name.

   Length

      >= 3

   String

      The String field is one or more octets. The NAS may limit the
      maximum length of the User-Name but the ability to handle at least
      63 octets is recommended.

      The format of the username MAY be one of several forms:

      text   Consisting only of UTF-8 encoded 10646 [7] characters.

      network access identifier
             A Network Access Identifier as described in RFC 2486
             [8].

      distinguished name
             A name in ASN.1 form used in Public Key authentication
             systems.

Rigney, et al.   Standards Track   [Page 26]

RFC 2865   RADIUS   June 2000

5.2. User-Password

Description

   This Attribute indicates the password of the user to be
   authenticated, or the user's input following an Access-Challenge.
   It is only used in Access-Request packets.

   On transmission, the password is hidden. The password is first
   padded at the end with nulls to a multiple of 16 octets. A one-
   way MD5 hash is calculated over a stream of octets consisting of
   the shared secret followed by the Request Authenticator. This
   value is XORed with the first 16 octet segment of the password and
   placed in the first 16 octets of the String field of the User-
   Password Attribute.

   If the password is longer than 16 characters, a second one-way MD5
   hash is calculated over a stream of octets consisting of the
   shared secret followed by the result of the first xor. That hash
   is XORed with the second 16 octet segment of the password and
   placed in the second 16 octets of the String field of the User-
   Password Attribute.

   If necessary, this operation is repeated, with each xor result
   being used along with the shared secret to generate the next hash
   to xor the next segment of the password, to no more than 128
   characters.

   The method is taken from the book "Network Security" by Kaufman,
   Perlman and Speciner [9] pages 109-110. A more precise
   explanation of the method follows:

   Call the shared secret S and the pseudo-random 128-bit Request
   Authenticator RA. Break the password into 16-octet chunks p1, p2,
   etc. with the last one padded at the end with nulls to a 16-octet
   boundary. Call the ciphertext blocks c(1), c(2), etc. We'll need
   intermediate values b1, b2, etc.

      b1 = MD5(S + RA)   c(1) = p1 xor b1
      b2 = MD5(S + c(1))   c(2) = p2 xor b2
              .   .
              .   .
              .   .
      bi = MD5(S + c(i-1))   c(i) = pi xor bi

   The String will contain c(1)+c(2)+...+c(i) where + denotes
   concatenation.

RFC 2865   RADIUS   June 2000

   On receipt, the process is reversed to yield the original
   password.

   A summary of the User-Password Attribute format is shown below. The
   fields are transmitted from left to right.

```
    0                   1                   2
    0 1 2 3 4 5 6 7 8 9 0 1 2 3 4 5 6 7 8 9 0 1
   +-+-+-+-+-+-+-+-+-+-+-+-+-+-+-+-+-+-+-+-+-+-+-
   |     Type      |    Length     |  String ...
   +-+-+-+-+-+-+-+-+-+-+-+-+-+-+-+-+-+-+-+-+-+-+-
```

Type

   2 for User-Password.

Length

   At least 18 and no larger than 130.

String

   The String field is between 16 and 128 octets long, inclusive.

5.3. CHAP-Password

Description

   This Attribute indicates the response value provided by a PPP
   Challenge-Handshake Authentication Protocol (CHAP) user in
   response to the challenge. It is only used in Access-Request
   packets.

   The CHAP challenge value is found in the CHAP-Challenge Attribute
   (60) if present in the packet, otherwise in the Request
   Authenticator field.

   A summary of the CHAP-Password Attribute format is shown below. The
   fields are transmitted from left to right.

```
    0                   1                   2
    0 1 2 3 4 5 6 7 8 9 0 1 2 3 4 5 6 7 8 9 0 1 2 3 4 5 6 7 8 9
   +-+-+-+-+-+-+-+-+-+-+-+-+-+-+-+-+-+-+-+-+-+-+-+-+-+-+-+-+-+-
   |     Type      |    Length     |  CHAP Ident   |  String ...
   +-+-+-+-+-+-+-+-+-+-+-+-+-+-+-+-+-+-+-+-+-+-+-+-+-+-+-+-+-+-
```

```
RFC 2865                      RADIUS                 June 2000

   Type

      3 for CHAP-Password.

   Length

      19

   CHAP Ident

      This field is one octet, and contains the CHAP Identifier from the
      user's CHAP Response.

   String

      The String field is 16 octets, and contains the CHAP Response from
      the user.

5.4.  NAS-IP-Address

   Description

      This Attribute indicates the identifying IP Address of the NAS
      which is requesting authentication of the user, and SHOULD be
      unique to the NAS within the scope of the RADIUS server. NAS-IP-
      Address is only used in Access-Request packets.  Either NAS-IP-
      Address or NAS-Identifier MUST be present in an Access-Request
      packet.

      Note that NAS-IP-Address MUST NOT be used to select the shared
      secret used to authenticate the request.  The source IP address of
      the Access-Request packet MUST be used to select the shared
      secret.

      A summary of the NAS-IP-Address Attribute format is shown below.  The
      fields are transmitted from left to right.

       0                   1                   2                   3
       0 1 2 3 4 5 6 7 8 9 0 1 2 3 4 5 6 7 8 9 0 1 2 3 4 5 6 7 8 9 0 1
      +-+-+-+-+-+-+-+-+-+-+-+-+-+-+-+-+-+-+-+-+-+-+-+-+-+-+-+-+-+-+-+-+
      |     Type      |    Length     |            Address
      +-+-+-+-+-+-+-+-+-+-+-+-+-+-+-+-+-+-+-+-+-+-+-+-+-+-+-+-+-+-+-+-+
            Address (cont)            |
      +-+-+-+-+-+-+-+-+-+-+-+-+-+-+-+-+

   Type

      4 for NAS-IP-Address.

Rigney, et al.          Standards Track                [Page 29]
```

```
RFC 2865                      RADIUS                 June 2000

   Length

      6

   Address

      The Address field is four octets.

5.5.  NAS-Port

   Description

      This Attribute indicates the physical port number of the NAS which
      is authenticating the user.  It is only used in Access-Request
      packets.  Note that this is using "port" in its sense of a
      physical connection on the NAS, not in the sense of a TCP or UDP
      port number.  Either NAS-Port or NAS-Port-Type (61) or both SHOULD
      be present in an Access-Request packet, if the NAS differentiates
      among its ports.

      A summary of the NAS-Port Attribute format is shown below.  The
      fields are transmitted from left to right.

       0                   1                   2                   3
       0 1 2 3 4 5 6 7 8 9 0 1 2 3 4 5 6 7 8 9 0 1 2 3 4 5 6 7 8 9 0 1
      +-+-+-+-+-+-+-+-+-+-+-+-+-+-+-+-+-+-+-+-+-+-+-+-+-+-+-+-+-+-+-+-+
      |     Type      |    Length     |            Value
      +-+-+-+-+-+-+-+-+-+-+-+-+-+-+-+-+-+-+-+-+-+-+-+-+-+-+-+-+-+-+-+-+
            Value (cont)             |
      +-+-+-+-+-+-+-+-+-+-+-+-+-+-+-+-+

   Type

      5 for NAS-Port.

   Length

      6

   Value

      The Value field is four octets.

Rigney, et al.          Standards Track                [Page 30]
```

RFC 2865   RADIUS   June 2000

5.6. Service-Type

   Description

      This Attribute indicates the type of service the user has
      requested, or the type of service to be provided. It MAY be used
      in both Access-Request and Access-Accept packets. A NAS is not
      required to implement all of these service types, and MUST treat
      unknown or unsupported Service-Types as though an Access-Reject
      had been received instead.

      A summary of the Service-Type Attribute format is shown below. The
      fields are transmitted from left to right.

```
 0                   1                   2                   3
 0 1 2 3 4 5 6 7 8 9 0 1 2 3 4 5 6 7 8 9 0 1 2 3 4 5 6 7 8 9 0 1
+-+-+-+-+-+-+-+-+-+-+-+-+-+-+-+-+-+-+-+-+-+-+-+-+-+-+-+-+-+-+-+-+
|     Type      |    Length     |             Value
+-+-+-+-+-+-+-+-+-+-+-+-+-+-+-+-+-+-+-+-+-+-+-+-+-+-+-+-+-+-+-+-+
             Value (cont)       |
+-+-+-+-+-+-+-+-+-+-+-+-+-+-+-+-+
```

   Type

      6 for Service-Type.

   Length

      6

   Value

      The Value field is four octets.

      1   Login
      2   Framed
      3   Callback Login
      4   Callback Framed
      5   Outbound
      6   Administrative
      7   NAS Prompt
      8   Authenticate Only
      9   Callback NAS Prompt
      10   Call Check
      11   Callback Administrative

      The service types are defined as follows when used in an Access-
      Accept. When used in an Access-Request, they MAY be considered to
      be a hint to the RADIUS server that the NAS has reason to believe
      the user would prefer the kind of service indicated, but the
      server is not required to honor the hint.

      Login   The user should be connected to a host.

      Framed   A Framed Protocol should be started for the
                          User, such as PPP or SLIP.

      Callback Login   The user should be disconnected and called
                          back, then connected to a host.

      Callback Framed   The user should be disconnected and called
                          back, then a Framed Protocol should be started
                          for the User, such as PPP or SLIP.

      Outbound   The user should be granted access to outgoing
                          devices.

      Administrative   The user should be granted access to the
                          administrative interface to the NAS from which
                          privileged commands can be executed.

      NAS Prompt   The user should be provided a command prompt
                          on the NAS from which non-privileged commands
                          can be executed.

      Authenticate Only   Only Authentication is requested, and no
                          authorization information needs to be returned
                          in the Access-Accept (typically used by proxy
                          servers rather than the NAS itself).

      Callback NAS Prompt The user should be disconnected and called
                          back, then provided a command prompt on the
                          NAS from which non-privileged commands can be
                          executed.

      Call Check   Used by the NAS in an Access-Request packet to
                          indicate that a call is being received and
                          that the RADIUS server should send back an
                          Access-Accept to answer the call, or an
                          Access-Reject to not accept the call,
                          typically based on the Called-Station-Id or
                          Calling-Station-Id attributes. It is

```
RFC 2865                      RADIUS                   June 2000

               recommended that such Access-Requests use the
               value of Calling-Station-Id as the value of
               the User-Name.

         Callback Administrative
               The user should be disconnected and called
               back, then granted access to the
               administrative interface to the NAS from which
               privileged commands can be executed.

5.7.  Framed-Protocol

   Description

      This Attribute indicates the framing to be used for framed access.
      It MAY be used in both Access-Request and Access-Accept packets.

   A summary of the Framed-Protocol Attribute format is shown below.
   The fields are transmitted from left to right.

    0                   1                   2                   3
    0 1 2 3 4 5 6 7 8 9 0 1 2 3 4 5 6 7 8 9 0 1 2 3 4 5 6 7 8 9 0 1
   +-+-+-+-+-+-+-+-+-+-+-+-+-+-+-+-+-+-+-+-+-+-+-+-+-+-+-+-+-+-+-+-+
   |     Type      |    Length     |              Value
   +-+-+-+-+-+-+-+-+-+-+-+-+-+-+-+-+-+-+-+-+-+-+-+-+-+-+-+-+-+-+-+-+
              Value (cont)         |
   +-+-+-+-+-+-+-+-+-+-+-+-+-+-+-+-+

   Type

      7 for Framed-Protocol.

   Length

      6

   Value

      The Value field is four octets.

      1        PPP
      2        SLIP
      3        AppleTalk Remote Access Protocol (ARAP)
      4        Gandalf proprietary SingleLink/MultiLink protocol
      5        Xylogics proprietary IPX/SLIP
      6        X.75 Synchronous



Rigney, et al.          Standards Track                [Page 33]
```

```
RFC 2865                      RADIUS                   June 2000

5.8.  Framed-IP-Address

   Description

      This Attribute indicates the address to be configured for the
      user.  It MAY be used in Access-Accept packets.  It MAY be used in
      an Access-Request packet as a hint by the NAS to the server that
      it would prefer that address, but the server is not required to
      honor the hint.

   A summary of the Framed-IP-Address Attribute format is shown below.
   The fields are transmitted from left to right.

    0                   1                   2                   3
    0 1 2 3 4 5 6 7 8 9 0 1 2 3 4 5 6 7 8 9 0 1 2 3 4 5 6 7 8 9 0 1
   +-+-+-+-+-+-+-+-+-+-+-+-+-+-+-+-+-+-+-+-+-+-+-+-+-+-+-+-+-+-+-+-+
   |     Type      |    Length     |              Address
   +-+-+-+-+-+-+-+-+-+-+-+-+-+-+-+-+-+-+-+-+-+-+-+-+-+-+-+-+-+-+-+-+
          Address (cont)           |
   +-+-+-+-+-+-+-+-+-+-+-+-+-+-+-+-+

   Type

      8 for Framed-IP-Address.

   Length

      6

   Address

      The Address field is four octets.  The value 0xFFFFFFFF indicates
      that the NAS Should allow the user to select an address (e.g.
      Negotiated).  The value 0xFFFFFFFE indicates that the NAS should
      select an address for the user (e.g. Assigned from a pool of
      addresses kept by the NAS).  Other valid values indicate that the
      NAS should use that value as the user's IP address.

5.9.  Framed-IP-Netmask

   Description

      This Attribute indicates the IP netmask to be configured for the
      user when the user is a router to a network.  It MAY be used in
      Access-Accept packets.  It MAY be used in an Access-Request packet
      as a hint by the NAS to the server that it would prefer that
      netmask, but the server is not required to honor the hint.



Rigney, et al.          Standards Track                [Page 34]
```

```
RFC 2865                      RADIUS                  June 2000

   A summary of the Framed-IP-Netmask Attribute format is shown below.
   The fields are transmitted from left to right.

    0                   1                   2                   3
    0 1 2 3 4 5 6 7 8 9 0 1 2 3 4 5 6 7 8 9 0 1 2 3 4 5 6 7 8 9 0 1
   +-+-+-+-+-+-+-+-+-+-+-+-+-+-+-+-+-+-+-+-+-+-+-+-+-+-+-+-+-+-+-+-+
   |     Type      |    Length     |            Address
   +-+-+-+-+-+-+-+-+-+-+-+-+-+-+-+-+-+-+-+-+-+-+-+-+-+-+-+-+-+-+-+-+
              Address (cont)       |
   +-+-+-+-+-+-+-+-+-+-+-+-+-+-+-+-+

   Type

      9 for Framed-IP-Netmask.

   Length

      6

   Address

      The Address field is four octets specifying the IP netmask of the
      user.

5.10.  Framed-Routing

   Description

      This Attribute indicates the routing method for the user, when the
      user is a router to a network.  It is only used in Access-Accept
      packets.

   A summary of the Framed-Routing Attribute format is shown below.  The
   fields are transmitted from left to right.

    0                   1                   2                   3
    0 1 2 3 4 5 6 7 8 9 0 1 2 3 4 5 6 7 8 9 0 1 2 3 4 5 6 7 8 9 0 1
   +-+-+-+-+-+-+-+-+-+-+-+-+-+-+-+-+-+-+-+-+-+-+-+-+-+-+-+-+-+-+-+-+
   |     Type      |    Length     |             Value
   +-+-+-+-+-+-+-+-+-+-+-+-+-+-+-+-+-+-+-+-+-+-+-+-+-+-+-+-+-+-+-+-+
              Value (cont)         |
   +-+-+-+-+-+-+-+-+-+-+-+-+-+-+-+-+

   Type

      10 for Framed-Routing.


Rigney, et al.            Standards Track                    [Page 35]
```

```
RFC 2865                      RADIUS                  June 2000

   Length

      6

   Value

      The Value field is four octets.

      0      None
      1      Send routing packets
      2      Listen for routing packets
      3      Send and Listen

5.11.  Filter-Id

   Description

      This Attribute indicates the name of the filter list for this
      user.  Zero or more Filter-Id attributes MAY be sent in an
      Access-Accept packet.

      Identifying a filter list by name allows the filter to be used on
      different NASes without regard to filter-list implementation
      details.

   A summary of the Filter-Id Attribute format is shown below.  The
   fields are transmitted from left to right.

    0                   1                   2
    0 1 2 3 4 5 6 7 8 9 0 1 2 3 4 5 6 7 8 9 0 1
   +-+-+-+-+-+-+-+-+-+-+-+-+-+-+-+-+-+-+-+-+-+-
   |     Type      |    Length     |  Text ...
   +-+-+-+-+-+-+-+-+-+-+-+-+-+-+-+-+-+-+-+-+-+-

   Type

      11 for Filter-Id.

   Length

      >= 3

   Text

      The Text field is one or more octets, and its contents are
      implementation dependent.  It is intended to be human readable and
      MUST NOT affect operation of the protocol.  It is recommended that
      the message contain UTF-8 encoded 10646 [7] characters.


Rigney, et al.            Standards Track                    [Page 36]
```

```
RFC 2865                      RADIUS                   June 2000


5.12.  Framed-MTU

   Description

      This Attribute indicates the Maximum Transmission Unit to be
      configured for the user, when it is not negotiated by some other
      means (such as PPP).  It MAY be used in Access-Accept packets.  It
      MAY be used in an Access-Request packet as a hint by the NAS to
      the server that it would prefer that value, but the server is not
      required to honor the hint.

   A summary of the Framed-MTU Attribute format is shown below.  The
   fields are transmitted from left to right.

    0                   1                   2                   3
    0 1 2 3 4 5 6 7 8 9 0 1 2 3 4 5 6 7 8 9 0 1 2 3 4 5 6 7 8 9 0 1
   +-+-+-+-+-+-+-+-+-+-+-+-+-+-+-+-+-+-+-+-+-+-+-+-+-+-+-+-+-+-+-+-+
   |     Type      |    Length     |              Value
   +-+-+-+-+-+-+-+-+-+-+-+-+-+-+-+-+-+-+-+-+-+-+-+-+-+-+-+-+-+-+-+-+
            Value (cont)           |
   +-+-+-+-+-+-+-+-+-+-+-+-+-+-+-+-+

   Type

      12 for Framed-MTU.

   Length

      6

   Value

      The Value field is four octets.  Despite the size of the field,
      values range from 64 to 65535.

5.13.  Framed-Compression

   Description

      This Attribute indicates a compression protocol to be used for the
      link.  It MAY be used in Access-Accept packets.  It MAY be used in
      an Access-Request packet as a hint to the server that the NAS
      would prefer to use that compression, but the server is not
      required to honor the hint.

      More than one compression protocol Attribute MAY be sent.  It is
      the responsibility of the NAS to apply the proper compression
      protocol to appropriate link traffic.



Rigney, et al.            Standards Track              [Page 37]
```

```
RFC 2865                      RADIUS                   June 2000


   A summary of the Framed-Compression Attribute format is shown below.
   The fields are transmitted from left to right.

    0                   1                   2                   3
    0 1 2 3 4 5 6 7 8 9 0 1 2 3 4 5 6 7 8 9 0 1 2 3 4 5 6 7 8 9 0 1
   +-+-+-+-+-+-+-+-+-+-+-+-+-+-+-+-+-+-+-+-+-+-+-+-+-+-+-+-+-+-+-+-+
   |     Type      |    Length     |              Value
   +-+-+-+-+-+-+-+-+-+-+-+-+-+-+-+-+-+-+-+-+-+-+-+-+-+-+-+-+-+-+-+-+
            Value (cont)           |
   +-+-+-+-+-+-+-+-+-+-+-+-+-+-+-+-+

   Type

      13 for Framed-Compression.

   Length

      6

   Value

      The Value field is four octets.

      0        None
      1        VJ TCP/IP header compression [10]
      2        IPX header compression
      3        Stac-LZS compression

5.14.  Login-IP-Host

   Description

      This Attribute indicates the system with which to connect the user,
      when the Login-Service Attribute is included.  It MAY be used in
      Access-Accept packets.  It MAY be used in an Access-Request packet
as
      a hint to the server that the NAS would prefer to use that host, but
      the server is not required to honor the hint.

   A summary of the Login-IP-Host Attribute format is shown below.  The
   fields are transmitted from left to right.



Rigney, et al.            Standards Track              [Page 38]
```

```
RFC 2865                    RADIUS                 June 2000


    0                   1                   2                   3
    0 1 2 3 4 5 6 7 8 9 0 1 2 3 4 5 6 7 8 9 0 1 2 3 4 5 6 7 8 9 0 1
   +-+-+-+-+-+-+-+-+-+-+-+-+-+-+-+-+-+-+-+-+-+-+-+-+-+-+-+-+-+-+-+-+
   |     Type      |    Length     |            Address
   +-+-+-+-+-+-+-+-+-+-+-+-+-+-+-+-+-+-+-+-+-+-+-+-+-+-+-+-+-+-+-+-+
              Address (cont)       |
   +-+-+-+-+-+-+-+-+-+-+-+-+-+-+-+-+

   Type

      14 for Login-IP-Host.

   Length

      6

   Address

      The Address field is four octets.  The value 0xFFFFFFFF indicates
      that the NAS SHOULD allow the user to select an address.  The
      value 0 indicates that the NAS SHOULD select a host to connect the
      user to.  Other values indicate the address the NAS SHOULD connect
      the user to.

5.15.  Login-Service

   Description

      This Attribute indicates the service to use to connect the user to
      the login host.  It is only used in Access-Accept packets.

      A summary of the Login-Service Attribute format is shown below.  The
      fields are transmitted from left to right.

    0                   1                   2                   3
    0 1 2 3 4 5 6 7 8 9 0 1 2 3 4 5 6 7 8 9 0 1 2 3 4 5 6 7 8 9 0 1
   +-+-+-+-+-+-+-+-+-+-+-+-+-+-+-+-+-+-+-+-+-+-+-+-+-+-+-+-+-+-+-+-+
   |     Type      |    Length     |            Value
   +-+-+-+-+-+-+-+-+-+-+-+-+-+-+-+-+-+-+-+-+-+-+-+-+-+-+-+-+-+-+-+-+
               Value (cont)        |
   +-+-+-+-+-+-+-+-+-+-+-+-+-+-+-+-+

   Type

      15 for Login-Service.


Rigney, et al.          Standards Track                      [Page 39]
```

```
RFC 2865                    RADIUS                 June 2000


   Length

      6

   Value

      The Value field is four octets.

      0    Telnet
      1    Rlogin
      2    TCP Clear
      3    PortMaster (proprietary)
      4    LAT
      5    X25-PAD
      6    X25-T3POS
      8    TCP Clear Quiet (suppresses any NAS-generated connect string)

5.16.  Login-TCP-Port

   Description

      This Attribute indicates the TCP port with which the user is to be
      connected, when the Login-Service Attribute is also present.  It
      is only used in Access-Accept packets.

      A summary of the Login-TCP-Port Attribute format is shown below.  The
      fields are transmitted from left to right.

    0                   1                   2                   3
    0 1 2 3 4 5 6 7 8 9 0 1 2 3 4 5 6 7 8 9 0 1 2 3 4 5 6 7 8 9 0 1
   +-+-+-+-+-+-+-+-+-+-+-+-+-+-+-+-+-+-+-+-+-+-+-+-+-+-+-+-+-+-+-+-+
   |     Type      |    Length     |            Value
   +-+-+-+-+-+-+-+-+-+-+-+-+-+-+-+-+-+-+-+-+-+-+-+-+-+-+-+-+-+-+-+-+
               Value (cont)        |
   +-+-+-+-+-+-+-+-+-+-+-+-+-+-+-+-+

   Type

      16 for Login-TCP-Port.

   Length

      6

   Value

      The Value field is four octets.  Despite the size of the field,
      values range from 0 to 65535.


Rigney, et al.          Standards Track                      [Page 40]
```

```
RFC 2865                      RADIUS                    June 2000


5.17.  (unassigned)

   Description

      ATTRIBUTE TYPE 17 HAS NOT BEEN ASSIGNED.

5.18.  Reply-Message

   Description

      This Attribute indicates text which MAY be displayed to the user.

      When used in an Access-Accept, it is the success message.

      When used in an Access-Reject, it is the failure message.  It MAY
      indicate a dialog message to prompt the user before another
      Access-Request attempt.

      When used in an Access-Challenge, it MAY indicate a dialog message
      to prompt the user for a response.

      Multiple Reply-Message's MAY be included and if any are displayed,
      they MUST be displayed in the same order as they appear in the
      packet.

   A summary of the Reply-Message Attribute format is shown below.  The
   fields are transmitted from left to right.

    0                   1                   2
    0 1 2 3 4 5 6 7 8 9 0 1 2 3 4 5 6 7 8 9 0 1
   +-+-+-+-+-+-+-+-+-+-+-+-+-+-+-+-+-+-+-+-+-+-+-
   |     Type      |    Length     |  Text ...
   +-+-+-+-+-+-+-+-+-+-+-+-+-+-+-+-+-+-+-+-+-+-+-

   Type

      18 for Reply-Message.

   Length

      >= 3

   Text

      The Text field is one or more octets, and its contents are
      implementation dependent.  It is intended to be human readable,
      and MUST NOT affect operation of the protocol.  It is recommended
      that the message contain UTF-8 encoded 10646 [7] characters.


Rigney, et al.            Standards Track              [Page 41]
```

```
RFC 2865                      RADIUS                    June 2000


5.19.  Callback-Number

   Description

      This Attribute indicates a dialing string to be used for callback.
      It MAY be used in Access-Accept packets.  It MAY be used in an
      Access-Request packet as a hint to the server that a Callback
      service is desired, but the server is not required to honor the
      hint.

   A summary of the Callback-Number Attribute format is shown below.
   The fields are transmitted from left to right.

    0                   1                   2
    0 1 2 3 4 5 6 7 8 9 0 1 2 3 4 5 6 7 8 9 0 1
   +-+-+-+-+-+-+-+-+-+-+-+-+-+-+-+-+-+-+-+-+-+-+-
   |     Type      |    Length     |  String ...
   +-+-+-+-+-+-+-+-+-+-+-+-+-+-+-+-+-+-+-+-+-+-+-

   Type

      19 for Callback-Number.

   Length

      >= 3

   String

      The String field is one or more octets.  The actual format of the
      information is site or application specific, and a robust
      implementation SHOULD support the field as undistinguished octets.

      The codification of the range of allowed usage of this field is
      outside the scope of this specification.

5.20.  Callback-Id

   Description

      This Attribute indicates the name of a place to be called, to be
      interpreted by the NAS.  It MAY be used in Access-Accept packets.


Rigney, et al.            Standards Track              [Page 42]
```

```
RFC 2865                      RADIUS                    June 2000


   A summary of the Callback-Id Attribute format is shown below.  The
   fields are transmitted from left to right.

    0                   1                   2
    0 1 2 3 4 5 6 7 8 9 0 1 2 3 4 5 6 7 8 9 0 1
   +-+-+-+-+-+-+-+-+-+-+-+-+-+-+-+-+-+-+-+-+-+-+-
   |     Type      |    Length     |  String ...
   +-+-+-+-+-+-+-+-+-+-+-+-+-+-+-+-+-+-+-+-+-+-+-

   Type

      20 for Callback-Id.

   Length

      >= 3

   String

      The String field is one or more octets.  The actual format of the
      information is site or application specific, and a robust
      implementation SHOULD support the field as undistinguished octets.

      The codification of the range of allowed usage of this field is
      outside the scope of this specification.

5.21.  (unassigned)

   Description

      ATTRIBUTE TYPE 21 HAS NOT BEEN ASSIGNED.

5.22.  Framed-Route

   Description

      This Attribute provides routing information to be configured for
      the user on the NAS.  It is used in the Access-Accept packet and
      can appear multiple times.

      A summary of the Framed-Route Attribute format is shown below.  The
      fields are transmitted from left to right.

    0                   1                   2
    0 1 2 3 4 5 6 7 8 9 0 1 2 3 4 5 6 7 8 9 0 1 2 3
   +-+-+-+-+-+-+-+-+-+-+-+-+-+-+-+-+-+-+-+-+-+-+-
   |     Type      |    Length     |  Text ...
   +-+-+-+-+-+-+-+-+-+-+-+-+-+-+-+-+-+-+-+-+-+-+-


Rigney, et al.            Standards Track               [Page 43]
```

```
RFC 2865                      RADIUS                    June 2000


   Type

      22 for Framed-Route.

   Length

      >= 3

   Text

      The Text field is one or more octets, and its contents are
      implementation dependent.  It is intended to be human readable and
      MUST NOT affect operation of the protocol.  It is recommended that
      the message contain UTF-8 encoded 10646 [7] characters.

      For IP routes, it SHOULD contain a destination prefix in dotted
      quad form optionally followed by a slash and a decimal length
      specifier stating how many high order bits of the prefix to use.
      That is followed by a space, a gateway address in dotted quad
      form, a space, and one or more metrics separated by spaces.  For
      example, "192.168.1.0/24 192.168.1.1 1 2 -1 3 400".  The length
      specifier may be omitted, in which case it defaults to 8 bits for
      class A prefixes, 16 bits for class B prefixes, and 24 bits for
      class C prefixes.  For example, "192.168.1.0 192.168.1.1 1".

      Whenever the gateway address is specified as "0.0.0.0" the IP
      address of the user SHOULD be used as the gateway address.

5.23.  Framed-IPX-Network

   Description

      This Attribute indicates the IPX Network number to be configured
      for the user.  It is used in Access-Accept packets.

      A summary of the Framed-IPX-Network Attribute format is shown below.
      The fields are transmitted from left to right.

    0                   1                   2                   3
    0 1 2 3 4 5 6 7 8 9 0 1 2 3 4 5 6 7 8 9 0 1 2 3 4 5 6 7 8 9 0 1
   +-+-+-+-+-+-+-+-+-+-+-+-+-+-+-+-+-+-+-+-+-+-+-+-+-+-+-+-+-+-+-+-+
   |     Type      |    Length     |             Value
   +-+-+-+-+-+-+-+-+-+-+-+-+-+-+-+-+-+-+-+-+-+-+-+-+-+-+-+-+-+-+-+-+
              Value (cont)         |
   +-+-+-+-+-+-+-+-+-+-+-+-+-+-+-+-+


Rigney, et al.            Standards Track               [Page 44]
```

RFC 2865   RADIUS   June 2000

   Type

      23 for Framed-IPX-Network.

   Length

      6

   Value

      The Value field is four octets. The value 0xFFFFFFFE indicates
      that the NAS should select an IPX network for the user (e.g.
      assigned from a pool of one or more IPX networks kept by the NAS).
      Other values should be used as the IPX network for the link to the
      user.

5.24. State

   Description

      This Attribute is available to be sent by the server to the client
      in an Access-Challenge and MUST be sent unmodified from the client
      to the server in the new Access-Request reply to that challenge,
      if any.

      This Attribute is available to be sent by the server to the client
      in an Access-Accept that also includes a Termination-Action
      Attribute with the value of RADIUS-Request. If the NAS performs
      the Termination-Action by sending a new Access-Request upon
      termination of the current session, it MUST include the State
      attribute unchanged in that Access-Request.

      In either usage, the client MUST NOT interpret the attribute
      locally. A packet must have only zero or one State Attribute.
      Usage of the State Attribute is implementation dependent.

   A summary of the State Attribute format is shown below. The fields
   are transmitted from left to right.

```
 0                   1                   2
 0 1 2 3 4 5 6 7 8 9 0 1 2 3 4 5 6 7 8 9 0 1
+-+-+-+-+-+-+-+-+-+-+-+-+-+-+-+-+-+-+-+-+-+-+-
|     Type      |    Length     |  String ...
+-+-+-+-+-+-+-+-+-+-+-+-+-+-+-+-+-+-+-+-+-+-+-
```

   Type

      24 for State.

Rigney, et al.   Standards Track   [Page 45]

RFC 2865   RADIUS   June 2000

   Length

      >= 3

   String

      The String field is one or more octets. The actual format of the
      information is site or application specific, and a robust
      implementation SHOULD support the field as undistinguished octets.

      The codification of the range of allowed usage of this field is
      outside the scope of this specification.

5.25. Class

   Description

      This Attribute is available to be sent by the server to the client
      in an Access-Accept and SHOULD be sent unmodified by the client to
      the accounting server as part of the Accounting-Request packet if
      accounting is supported. The client MUST NOT interpret the
      attribute locally.

   A summary of the Class Attribute format is shown below. The fields
   are transmitted from left to right.

```
 0                   1                   2
 0 1 2 3 4 5 6 7 8 9 0 1 2 3 4 5 6 7 8 9 0 1
+-+-+-+-+-+-+-+-+-+-+-+-+-+-+-+-+-+-+-+-+-+-+-
|     Type      |    Length     |  String ...
+-+-+-+-+-+-+-+-+-+-+-+-+-+-+-+-+-+-+-+-+-+-+-
```

   Type

      25 for Class.

   Length

      >= 3

   String

      The String field is one or more octets. The actual format of the
      information is site or application specific, and a robust
      implementation SHOULD support the field as undistinguished octets.

      The codification of the range of allowed usage of this field is
      outside the scope of this specification.

Rigney, et al.   Standards Track   [Page 46]

RFC 2865   RADIUS   June 2000

5.26. Vendor-Specific

Description

    This Attribute is available to allow vendors to support their own
    extended Attributes not suitable for general usage. It MUST not
    affect the operation of the RADIUS protocol.

    Servers not equipped to interpret the vendor-specific information
    sent by a client MUST ignore it (although it may be reported).
    Clients which do not receive desired vendor-specific information
    SHOULD make an attempt to operate without it, although they may do
    so (and report they are doing so) in a degraded mode.

A summary of the Vendor-Specific Attribute format is shown below.
The fields are transmitted from left to right.

```
 0                   1                   2                   3
 0 1 2 3 4 5 6 7 8 9 0 1 2 3 4 5 6 7 8 9 0 1 2 3 4 5 6 7 8 9 0 1
+-+-+-+-+-+-+-+-+-+-+-+-+-+-+-+-+-+-+-+-+-+-+-+-+-+-+-+-+-+-+-+-+
|     Type      |  Length       |            Vendor-Id
+-+-+-+-+-+-+-+-+-+-+-+-+-+-+-+-+-+-+-+-+-+-+-+-+-+-+-+-+-+-+-+-+
      Vendor-Id (cont)          |      String...
+-+-+-+-+-+-+-+-+-+-+-+-+-+-+-+-+-+-+-+-+-+-+-+-+-
```

Type

    26 for Vendor-Specific.

Length

    >= 7

Vendor-Id

    The high-order octet is 0 and the low-order 3 octets are the SMI
    Network Management Private Enterprise Code of the Vendor in
    network byte order, as defined in the "Assigned Numbers" RFC [6].

String

    The String field is one or more octets. The actual format of the
    information is site or application specific, and a robust
    implementation SHOULD support the field as undistinguished octets.

    The codification of the range of allowed usage of this field is
    outside the scope of this specification.

RFC 2865   RADIUS   June 2000

    It SHOULD be encoded as a sequence of vendor type / vendor length
    / value fields, as follows. The Attribute-Specific field is
    dependent on the vendor's definition of that attribute. An
    example encoding of the Vendor-Specific attribute using this
    method follows:

```
 0                   1                   2                   3
 0 1 2 3 4 5 6 7 8 9 0 1 2 3 4 5 6 7 8 9 0 1 2 3 4 5 6 7 8 9 0 1
+-+-+-+-+-+-+-+-+-+-+-+-+-+-+-+-+-+-+-+-+-+-+-+-+-+-+-+-+-+-+-+-+
|     Type      |    Length     |            Vendor-Id
+-+-+-+-+-+-+-+-+-+-+-+-+-+-+-+-+-+-+-+-+-+-+-+-+-+-+-+-+-+-+-+-+
     Vendor-Id (cont)           |    Vendor type | Vendor length |
+-+-+-+-+-+-+-+-+-+-+-+-+-+-+-+-+-+-+-+-+-+-+-+-+-+-+-+-+-+-+-+-+
|    Attribute-Specific...
+-+-+-+-+-+-+-+-+-+-+-+-+-+-+-+-
```

Multiple subattributes MAY be encoded within a single Vendor-
Specific attribute, although they do not have to be.

5.27. Session-Timeout

Description

    This Attribute sets the maximum number of seconds of service to be
    provided to the user before termination of the session or prompt.
    This Attribute is available to be sent by the server to the client
    in an Access-Accept or Access-Challenge.

A summary of the Session-Timeout Attribute format is shown below.
The fields are transmitted from left to right.

```
 0                   1                   2                   3
 0 1 2 3 4 5 6 7 8 9 0 1 2 3 4 5 6 7 8 9 0 1 2 3 4 5 6 7 8 9 0 1
+-+-+-+-+-+-+-+-+-+-+-+-+-+-+-+-+-+-+-+-+-+-+-+-+-+-+-+-+-+-+-+-+
|     Type      |    Length     |             Value
+-+-+-+-+-+-+-+-+-+-+-+-+-+-+-+-+-+-+-+-+-+-+-+-+-+-+-+-+-+-+-+-+
         Value (cont)           |
+-+-+-+-+-+-+-+-+-+-+-+-+-+-+-+-+
```

Type

    27 for Session-Timeout.

Length

    6

RFC 2865   RADIUS   June 2000

   Value

      The field is 4 octets, containing a 32-bit unsigned integer with
      the maximum number of seconds this user should be allowed to
      remain connected by the NAS.

5.28. Idle-Timeout

   Description

      This Attribute sets the maximum number of consecutive seconds of
      idle connection allowed to the user before termination of the
      session or prompt. This Attribute is available to be sent by the
      server to the client in an Access-Accept or Access-Challenge.

      A summary of the Idle-Timeout Attribute format is shown below. The
      fields are transmitted from left to right.

```
 0                   1                   2                   3
 0 1 2 3 4 5 6 7 8 9 0 1 2 3 4 5 6 7 8 9 0 1 2 3 4 5 6 7 8 9 0 1
+-+-+-+-+-+-+-+-+-+-+-+-+-+-+-+-+-+-+-+-+-+-+-+-+-+-+-+-+-+-+-+-+
|     Type      |    Length     |             Value
+-+-+-+-+-+-+-+-+-+-+-+-+-+-+-+-+-+-+-+-+-+-+-+-+-+-+-+-+-+-+-+-+
           Value (cont)         |
+-+-+-+-+-+-+-+-+-+-+-+-+-+-+-+-+
```

   Type

      28 for Idle-Timeout.

   Length

      6

   Value

      The field is 4 octets, containing a 32-bit unsigned integer with
      the maximum number of consecutive seconds of idle time this user
      should be permitted before being disconnected by the NAS.

5.29. Termination-Action

   Description

      This Attribute indicates what action the NAS should take when the
      specified service is completed. It is only used in Access-Accept
      packets.

RFC 2865   RADIUS   June 2000

      A summary of the Termination-Action Attribute format is shown below.
      The fields are transmitted from left to right.

```
 0                   1                   2                   3
 0 1 2 3 4 5 6 7 8 9 0 1 2 3 4 5 6 7 8 9 0 1 2 3 4 5 6 7 8 9 0 1
+-+-+-+-+-+-+-+-+-+-+-+-+-+-+-+-+-+-+-+-+-+-+-+-+-+-+-+-+-+-+-+-+
|     Type      |    Length     |             Value
+-+-+-+-+-+-+-+-+-+-+-+-+-+-+-+-+-+-+-+-+-+-+-+-+-+-+-+-+-+-+-+-+
           Value (cont)         |
+-+-+-+-+-+-+-+-+-+-+-+-+-+-+-+-+
```

   Type

      29 for Termination-Action.

   Length

      6

   Value

      The Value field is four octets.

      0   Default
      1   RADIUS-Request

      If the Value is set to RADIUS-Request, upon termination of the
      specified service the NAS MAY send a new Access-Request to the
      RADIUS server, including the State attribute if any.

5.30. Called-Station-Id

   Description

      This Attribute allows the NAS to send in the Access-Request packet
      the phone number that the user called, using Dialed Number
      Identification (DNIS) or similar technology. Note that this may
      be different from the phone number the call comes in on. It is
      only used in Access-Request packets.

      A summary of the Called-Station-Id Attribute format is shown below.
      The fields are transmitted from left to right.

```
 0                   1                   2
 0 1 2 3 4 5 6 7 8 9 0 1 2 3 4 5 6 7 8 9 0 1
+-+-+-+-+-+-+-+-+-+-+-+-+-+-+-+-+-+-+-+-+-+-+-
|     Type      |    Length     |  String ...
+-+-+-+-+-+-+-+-+-+-+-+-+-+-+-+-+-+-+-+-+-+-+-
```

RFC 2865   RADIUS   June 2000

Type

   30 for Called-Station-Id.

Length

   >= 3

String

   The String field is one or more octets, containing the phone
   number that the user's call came in on.

   The actual format of the information is site or application
   specific. UTF-8 encoded 10646 [7] characters are recommended, but
   a robust implementation SHOULD support the field as
   undistinguished octets.

   The codification of the range of allowed usage of this field is
   outside the scope of this specification.

5.31. Calling-Station-Id

Description

   This Attribute allows the NAS to send in the Access-Request packet
   the phone number that the call came from, using Automatic Number
   Identification (ANI) or similar technology. It is only used in
   Access-Request packets.

A summary of the Calling-Station-Id Attribute format is shown below.
The fields are transmitted from left to right.

```
 0                   1                   2
 0 1 2 3 4 5 6 7 8 9 0 1 2 3 4 5 6 7 8 9 0 1
+-+-+-+-+-+-+-+-+-+-+-+-+-+-+-+-+-+-+-+-+-+-+-
|     Type      |    Length     |  String ...
+-+-+-+-+-+-+-+-+-+-+-+-+-+-+-+-+-+-+-+-+-+-+-
```

Type

   31 for Calling-Station-Id.

Length

   >= 3

Rigney, et al.   Standards Track   [Page 51]

RFC 2865   RADIUS   June 2000

String

   The String field is one or more octets, containing the phone
   number that the user placed the call from.

   The actual format of the information is site or application
   specific. UTF-8 encoded 10646 [7] characters are recommended, but
   a robust implementation SHOULD support the field as
   undistinguished octets.

   The codification of the range of allowed usage of this field is
   outside the scope of this specification.

5.32. NAS-Identifier

Description

   This Attribute contains a string identifying the NAS originating
   the Access-Request. It is only used in Access-Request packets.
   Either NAS-IP-Address or NAS-Identifier MUST be present in an
   Access-Request packet.

   Note that NAS-Identifier MUST NOT be used to select the shared
   secret used to authenticate the request. The source IP address of
   the Access-Request packet MUST be used to select the shared
   secret.

A summary of the NAS-Identifier Attribute format is shown below. The
fields are transmitted from left to right.

```
 0                   1                   2
 0 1 2 3 4 5 6 7 8 9 0 1 2 3 4 5 6 7 8 9 0 1
+-+-+-+-+-+-+-+-+-+-+-+-+-+-+-+-+-+-+-+-+-+-+-
|     Type      |    Length     |  String ...
+-+-+-+-+-+-+-+-+-+-+-+-+-+-+-+-+-+-+-+-+-+-+-
```

Type

   32 for NAS-Identifier.

Length

   >= 3

Rigney, et al.   Standards Track   [Page 52]

RFC 2865   RADIUS   June 2000

   String

      The String field is one or more octets, and should be unique to
      the NAS within the scope of the RADIUS server. For example, a
      fully qualified domain name would be suitable as a NAS-Identifier.

      The actual format of the information is site or application
      specific, and a robust implementation SHOULD support the field as
      undistinguished octets.

      The codification of the range of allowed usage of this field is
      outside the scope of this specification.

5.33. Proxy-State

   Description

      This Attribute is available to be sent by a proxy server to
      another server when forwarding an Access-Request and MUST be
      returned unmodified in the Access-Accept, Access-Reject or
      Access-Challenge. When the proxy server receives the response to
      its request, it MUST remove its own Proxy-State (the last Proxy-
      State in the packet) before forwarding the response to the NAS.

      If a Proxy-State Attribute is added to a packet when forwarding
      the packet, the Proxy-State Attribute MUST be added after any
      existing Proxy-State attributes.

      The content of any Proxy-State other than the one added by the
      current server should be treated as opaque octets and MUST NOT
      affect operation of the protocol.

      Usage of the Proxy-State Attribute is implementation dependent. A
      description of its function is outside the scope of this
      specification.

   A summary of the Proxy-State Attribute format is shown below. The
   fields are transmitted from left to right.

    0   1   2
    0 1 2 3 4 5 6 7 8 9 0 1 2 3 4 5 6 7 8 9 0 1
   +-
   | Type | Length | String ...
   +-

   Type

      33 for Proxy-State.

Rigney, et al.   Standards Track   [Page 53]

RFC 2865   RADIUS   June 2000

   Length

      >= 3

   String

      The String field is one or more octets. The actual format of the
      information is site or application specific, and a robust
      implementation SHOULD support the field as undistinguished octets.

      The codification of the range of allowed usage of this field is
      outside the scope of this specification.

5.34. Login-LAT-Service

   Description

      This Attribute indicates the system with which the user is to be
      connected by LAT. It MAY be used in Access-Accept packets, but
      only when LAT is specified as the Login-Service. It MAY be used
      in an Access-Request packet as a hint to the server, but the
      server is not required to honor the hint.

      Administrators use the service attribute when dealing with
      clustered systems, such as a VAX or Alpha cluster. In such an
      environment several different time sharing hosts share the same
      resources (disks, printers, etc.), and administrators often
      configure each to offer access (service) to each of the shared
      resources. In this case, each host in the cluster advertises its
      services through LAT broadcasts.

      Sophisticated users often know which service providers (machines)
      are faster and tend to use a node name when initiating a LAT
      connection. Alternately, some administrators want particular
      users to use certain machines as a primitive form of load
      balancing (although LAT knows how to do load balancing itself).

   A summary of the Login-LAT-Service Attribute format is shown below.
   The fields are transmitted from left to right.

    0   1   2
    0 1 2 3 4 5 6 7 8 9 0 1 2 3 4 5 6 7 8 9 0 1
   +-
   | Type | Length | String ...
   +-

   Type

Rigney, et al.   Standards Track   [Page 54]

```
RFC 2865                    RADIUS                  June 2000

   Type

      34 for Login-LAT-Service.

   Length

      >= 3

   String

      The String field is one or more octets, and contains the identity
      of the LAT service to use.  The LAT Architecture allows this
      string to contain $ (dollar), - (hyphen), . (period), _
      (underscore), numerics, upper and lower case alphabetics, and the
      ISO Latin-1 character set extension [11].  All LAT string
      comparisons are case insensitive.

5.35.  Login-LAT-Node

   Description

      This Attribute indicates the Node with which the user is to be
      automatically connected by LAT.  It MAY be used in Access-Accept
      packets, but only when LAT is specified as the Login-Service.  It
      MAY be used in an Access-Request packet as a hint to the server,
      but the server is not required to honor the hint.

   A summary of the Login-LAT-Node Attribute format is shown below.  The
   fields are transmitted from left to right.

    0                   1                   2
    0 1 2 3 4 5 6 7 8 9 0 1 2 3 4 5 6 7 8 9 0 1
   +-+-+-+-+-+-+-+-+-+-+-+-+-+-+-+-+-+-+-+-+-+-+-
   |     Type      |    Length     |  String ...
   +-+-+-+-+-+-+-+-+-+-+-+-+-+-+-+-+-+-+-+-+-+-+-

   Type

      35 for Login-LAT-Node.

   Length

      >= 3


Rigney, et al.          Standards Track              [Page 55]
```

```
RFC 2865                    RADIUS                  June 2000

   String

      The String field is one or more octets, and contains the identity
      of the LAT Node to connect the user to.  The LAT Architecture
      allows this string to contain $ (dollar), - (hyphen), . (period),
      _ (underscore), numerics, upper and lower case alphabetics, and
      the ISO Latin-1 character set extension.  All LAT string
      comparisons are case insensitive.

5.36.  Login-LAT-Group

   Description

      This Attribute contains a string identifying the LAT group codes
      which this user is authorized to use.  It MAY be used in Access-
      Accept packets, but only when LAT is specified as the Login-
      Service.  It MAY be used in an Access-Request packet as a hint to
      the server, but the server is not required to honor the hint.

      LAT supports 256 different group codes, which LAT uses as a form
      of access rights.  LAT encodes the group codes as a 256 bit
      bitmap.

      Administrators can assign one or more of the group code bits at
      the LAT service provider; it will only accept LAT connections that
      have these group codes set in the bit map.  The administrators
      assign a bitmap of authorized group codes to each user; LAT gets
      these from the operating system, and uses these in its requests to
      the service providers.

   A summary of the Login-LAT-Group Attribute format is shown below.
   The fields are transmitted from left to right.

    0                   1                   2
    0 1 2 3 4 5 6 7 8 9 0 1 2 3 4 5 6 7 8 9 0 1
   +-+-+-+-+-+-+-+-+-+-+-+-+-+-+-+-+-+-+-+-+-+-+-
   |     Type      |    Length     |  String ...
   +-+-+-+-+-+-+-+-+-+-+-+-+-+-+-+-+-+-+-+-+-+-+-

   Type

      36 for Login-LAT-Group.

   Length

      34


Rigney, et al.          Standards Track              [Page 56]
```

RFC 2865   RADIUS   June 2000

String

   The String field is a 32 octet bit map, most significant octet
   first. A robust implementation SHOULD support the field as
   undistinguished octets.

   The codification of the range of allowed usage of this field is
   outside the scope of this specification.

5.37. Framed-AppleTalk-Link

Description

   This Attribute indicates the AppleTalk network number which should
   be used for the serial link to the user, which is another
   AppleTalk router. It is only used in Access-Accept packets. It
   is never used when the user is not another router.

A summary of the Framed-AppleTalk-Link Attribute format is shown
below. The fields are transmitted from left to right.

```
 0                   1                   2                   3
 0 1 2 3 4 5 6 7 8 9 0 1 2 3 4 5 6 7 8 9 0 1 2 3 4 5 6 7 8 9 0 1
+-+-+-+-+-+-+-+-+-+-+-+-+-+-+-+-+-+-+-+-+-+-+-+-+-+-+-+-+-+-+-+-+
|     Type      |    Length     |            Value
+-+-+-+-+-+-+-+-+-+-+-+-+-+-+-+-+-+-+-+-+-+-+-+-+-+-+-+-+-+-+-+-+
        Value (cont)           |
+-+-+-+-+-+-+-+-+-+-+-+-+-+-+-+-+
```

Type

   37 for Framed-AppleTalk-Link.

Length

   6

Value

   The Value field is four octets. Despite the size of the field,
   values range from 0 to 65535. The special value of 0 indicates
   that this is an unnumbered serial link. A value of 1-65535 means
   that the serial line between the NAS and the user should be
   assigned that value as an AppleTalk network number.

Rigney, et al.   Standards Track   [Page 57]

RFC 2865   RADIUS   June 2000

5.38. Framed-AppleTalk-Network

Description

   This Attribute indicates the AppleTalk Network number which the
   NAS should probe to allocate an AppleTalk node for the user. It
   is only used in Access-Accept packets. It is never used when the
   user is another router. Multiple instances of this Attribute
   indicate that the NAS may probe using any of the network numbers
   specified.

A summary of the Framed-AppleTalk-Network Attribute format is shown
below. The fields are transmitted from left to right.

```
 0                   1                   2                   3
 0 1 2 3 4 5 6 7 8 9 0 1 2 3 4 5 6 7 8 9 0 1 2 3 4 5 6 7 8 9 0 1
+-+-+-+-+-+-+-+-+-+-+-+-+-+-+-+-+-+-+-+-+-+-+-+-+-+-+-+-+-+-+-+-+
|     Type      |    Length     |            Value
+-+-+-+-+-+-+-+-+-+-+-+-+-+-+-+-+-+-+-+-+-+-+-+-+-+-+-+-+-+-+-+-+
        Value (cont)           |
+-+-+-+-+-+-+-+-+-+-+-+-+-+-+-+-+
```

Type

   38 for Framed-AppleTalk-Network.

Length

   6

Value

   The Value field is four octets. Despite the size of the field,
   values range from 0 to 65535. The special value 0 indicates that
   the NAS should assign a network for the user, using its default
   cable range. A value between 1 and 65535 (inclusive) indicates
   the AppleTalk Network the NAS should probe to find an address for
   the user.

5.39. Framed-AppleTalk-Zone

Description

   This Attribute indicates the AppleTalk Default Zone to be used for
   this user. It is only used in Access-Accept packets. Multiple
   instances of this attribute in the same packet are not allowed.

Rigney, et al.   Standards Track   [Page 58]

RFC 2865   RADIUS   June 2000

   A summary of the Framed-AppleTalk-Zone Attribute format is shown
   below. The fields are transmitted from left to right.

```
 0                   1                   2
 0 1 2 3 4 5 6 7 8 9 0 1 2 3 4 5 6 7 8 9 0 1 2 3 4
+-+-+-+-+-+-+-+-+-+-+-+-+-+-+-+-+-+-+-+-+-+-+-+-+-
|     Type      |    Length     |  String ...
+-+-+-+-+-+-+-+-+-+-+-+-+-+-+-+-+-+-+-+-+-+-+-+-+-
```

   Type

      39 for Framed-AppleTalk-Zone.

   Length

      >= 3

   String

      The name of the Default AppleTalk Zone to be used for this user.
      A robust implementation SHOULD support the field as
      undistinguished octets.

      The codification of the range of allowed usage of this field is
      outside the scope of this specification.

5.40. CHAP-Challenge

   Description

      This Attribute contains the CHAP Challenge sent by the NAS to a
      PPP Challenge-Handshake Authentication Protocol (CHAP) user. It
      is only used in Access-Request packets.

      If the CHAP challenge value is 16 octets long it MAY be placed in
      the Request Authenticator field instead of using this attribute.

   A summary of the CHAP-Challenge Attribute format is shown below. The
   fields are transmitted from left to right.

```
 0                   1                   2
 0 1 2 3 4 5 6 7 8 9 0 1 2 3 4 5 6 7 8 9 0 1 2 3
+-+-+-+-+-+-+-+-+-+-+-+-+-+-+-+-+-+-+-+-+-+-+-+-+-
|     Type      |    Length     |  String...
+-+-+-+-+-+-+-+-+-+-+-+-+-+-+-+-+-+-+-+-+-+-+-+-+-
```

RFC 2865   RADIUS   June 2000

   Type

      60 for CHAP-Challenge.

   Length

      >= 7

   String

      The String field contains the CHAP Challenge.

5.41. NAS-Port-Type

   Description

      This Attribute indicates the type of the physical port of the NAS
      which is authenticating the user. It can be used instead of or in
      addition to the NAS-Port (5) attribute. It is only used in
      Access-Request packets. Either NAS-Port (5) or NAS-Port-Type or
      both SHOULD be present in an Access-Request packet, if the NAS
      differentiates among its ports.

   A summary of the NAS-Port-Type Attribute format is shown below. The
   fields are transmitted from left to right.

```
 0                   1                   2                   3
 0 1 2 3 4 5 6 7 8 9 0 1 2 3 4 5 6 7 8 9 0 1 2 3 4 5 6 7 8 9 0 1
+-+-+-+-+-+-+-+-+-+-+-+-+-+-+-+-+-+-+-+-+-+-+-+-+-+-+-+-+-+-+-+-+
|     Type      |    Length     |             Value
+-+-+-+-+-+-+-+-+-+-+-+-+-+-+-+-+-+-+-+-+-+-+-+-+-+-+-+-+-+-+-+-+
           Value (cont)         |
+-+-+-+-+-+-+-+-+-+-+-+-+-+-+-+-+
```

   Type

      61 for NAS-Port-Type.

   Length

      6

   Value

      The Value field is four octets. "Virtual" refers to a connection
      to the NAS via some transport protocol, instead of through a
      physical port. For example, if a user telnetted into a NAS to

RFC 2865   RADIUS   June 2000

     authenticate himself as an Outbound-User, the Access-Request might
     include NAS-Port-Type = Virtual as a hint to the RADIUS server
     that the user was not on a physical port.

     0   Async
     1   Sync
     2   ISDN Sync
     3   ISDN Async V.120
     4   ISDN Async V.110
     5   Virtual
     6   PIAFS
     7   HDLC Clear Channel
     8   X.25
     9   X.75
     10   G.3 Fax
     11   SDSL - Symmetric DSL
     12   ADSL-CAP - Asymmetric DSL, Carrierless Amplitude Phase
            Modulation
     13   ADSL-DMT - Asymmetric DSL, Discrete Multi-Tone
     14   IDSL - ISDN Digital Subscriber Line
     15   Ethernet
     16   xDSL - Digital Subscriber Line of unknown type
     17   Cable
     18   Wireless - Other
     19   Wireless - IEEE 802.11

     PIAFS is a form of wireless ISDN commonly used in Japan, and
     stands for PHS (Personal Handyphone System) Internet Access Forum
     Standard (PIAFS).

5.42. Port-Limit

   Description

     This Attribute sets the maximum number of ports to be provided to
     the user by the NAS. This Attribute MAY be sent by the server to
     the client in an Access-Accept packet. It is intended for use in
     conjunction with Multilink PPP [12] or similar uses. It MAY also
     be sent by the NAS to the server as a hint that that many ports
     are desired for use, but the server is not required to honor the
     hint.

     A summary of the Port-Limit Attribute format is shown below. The
     fields are transmitted from left to right.

Rigney, et al.   Standards Track   [Page 61]

RFC 2865   RADIUS   June 2000

```
 0                   1                   2                   3
 0 1 2 3 4 5 6 7 8 9 0 1 2 3 4 5 6 7 8 9 0 1 2 3 4 5 6 7 8 9 0 1
+-+-+-+-+-+-+-+-+-+-+-+-+-+-+-+-+-+-+-+-+-+-+-+-+-+-+-+-+-+-+-+-+
|     Type      |    Length     |             Value
+-+-+-+-+-+-+-+-+-+-+-+-+-+-+-+-+-+-+-+-+-+-+-+-+-+-+-+-+-+-+-+-+
           Value (cont)         |
+-+-+-+-+-+-+-+-+-+-+-+-+-+-+-+-+
```

   Type

     62 for Port-Limit.

   Length

     6

   Value

     The field is 4 octets, containing a 32-bit unsigned integer with
     the maximum number of ports this user should be allowed to connect
     to on the NAS.

5.43. Login-LAT-Port

   Description

     This Attribute indicates the Port with which the user is to be
     connected by LAT. It MAY be used in Access-Accept packets, but
     only when LAT is specified as the Login-Service. It MAY be used
     in an Access-Request packet as a hint to the server, but the
     server is not required to honor the hint.

     A summary of the Login-LAT-Port Attribute format is shown below. The
     fields are transmitted from left to right.

```
 0                   1                   2
 0 1 2 3 4 5 6 7 8 9 0 1 2 3 4 5 6 7 8 9 0 1
+-+-+-+-+-+-+-+-+-+-+-+-+-+-+-+-+-+-+-+-+-+-
|     Type      |    Length     |  String ...
+-+-+-+-+-+-+-+-+-+-+-+-+-+-+-+-+-+-+-+-+-+-
```

   Type

     63 for Login-LAT-Port.

   Length

     >= 3

Rigney, et al.   Standards Track   [Page 62]

```
RFC 2865                      RADIUS                     June 2000

   String

      The String field is one or more octets, and contains the identity
      of the LAT port to use.  The LAT Architecture allows this string
      to contain $ (dollar), - (hyphen), . (period), _ (underscore),
      numerics, upper and lower case alphabetics, and the ISO Latin-1
      character set extension.  All LAT string comparisons are case
      insensitive.

5.44.  Table of Attributes

   The following table provides a guide to which attributes may be found
   in which kinds of packets, and in what quantity.

   Request   Accept   Reject   Challenge   #    Attribute
   0-1       0-1      0        0           1    User-Name
   0-1       0        0        0           2    User-Password [Note 1]
   0-1       0        0        0           3    CHAP-Password [Note 1]
   0-1       0        0        0           4    NAS-IP-Address [Note 2]
   0-1       0        0        0           5    NAS-Port
   0-1       0-1      0        0           6    Service-Type
   0-1       0-1      0        0           7    Framed-Protocol
   0-1       0-1      0        0           8    Framed-IP-Address
   0-1       0-1      0        0           9    Framed-IP-Netmask
   0         0-1      0        0           10   Framed-Routing
   0         0+       0        0           11   Filter-Id
   0-1       0-1      0        0           12   Framed-MTU
   0+        0+       0        0           13   Framed-Compression
   0+        0+       0        0           14   Login-IP-Host
   0         0-1      0        0           15   Login-Service
   0         0-1      0        0           16   Login-TCP-Port
   0         0+       0+       0+          18   Reply-Message
   0-1       0-1      0        0           19   Callback-Number
   0         0-1      0        0           20   Callback-Id
   0         0+       0        0           22   Framed-Route
   0         0-1      0        0           23   Framed-IPX-Network
   0-1       0-1      0        0-1         24   State [Note 1]
   0         0+       0        0           25   Class
   0+        0+       0+       0+          26   Vendor-Specific
   0         0-1      0        0-1         27   Session-Timeout
   0         0-1      0        0-1         28   Idle-Timeout
   0         0-1      0        0           29   Termination-Action
   0-1       0        0        0           30   Called-Station-Id
   0-1       0        0        0           31   Calling-Station-Id
   0-1       0        0        0           32   NAS-Identifier [Note 2]
   0+        0+       0+       0+          33   Proxy-State
   0-1       0-1      0        0           34   Login-LAT-Service
   0-1       0-1      0        0           35   Login-LAT-Node


Rigney, et al.          Standards Track                    [Page 63]
```

```
RFC 2865                      RADIUS                     June 2000

   0-1       0-1      0        0           36   Login-LAT-Group
   0         0-1      0        0           37   Framed-AppleTalk-Link
   0         0+       0        0           38   Framed-AppleTalk-Network
   0         0-1      0        0           39   Framed-AppleTalk-Zone
   0-1       0        0        0           60   CHAP-Challenge
   0-1       0        0        0           61   NAS-Port-Type
   0-1       0-1      0        0           62   Port-Limit
   0-1       0-1      0        0           63   Login-LAT-Port
   Request   Accept   Reject   Challenge   #    Attribute

   [Note 1] An Access-Request MUST contain either a User-Password or a
   CHAP-Password or State.  An Access-Request MUST NOT contain both a
   User-Password and a CHAP-Password.  If future extensions allow other
   kinds of authentication information to be conveyed, the attribute for
   that can be used in an Access-Request instead of User-Password or
   CHAP-Password.

   [Note 2] An Access-Request MUST contain either a NAS-IP-Address or a
   NAS-Identifier (or both).

   The following table defines the meaning of the above table entries.

   0     This attribute MUST NOT be present in packet.
   0+    Zero or more instances of this attribute MAY be present in packet.
   0-1   Zero or one instance of this attribute MAY be present in packet.
   1     Exactly one instance of this attribute MUST be present in packet.

6.  IANA Considerations

   This section provides guidance to the Internet Assigned Numbers
   Authority (IANA) regarding registration of values related to the
   RADIUS protocol, in accordance with BCP 26 [13].

   There are three name spaces in RADIUS that require registration:
   Packet Type Codes, Attribute Types, and Attribute Values (for certain
   Attributes).

   RADIUS is not intended as a general-purpose Network Access Server
   (NAS) management protocol, and allocations should not be made for
   purposes unrelated to Authentication, Authorization or Accounting.

6.1.  Definition of Terms

   The following terms are used here with the meanings defined in
   BCP 26: "name space", "assigned value", "registration".


Rigney, et al.          Standards Track                    [Page 64]
```

RFC 2865   RADIUS   June 2000

The following policies are used here with the meanings defined in
BCP 26: "Private Use", "First Come First Served", "Expert Review",
"Specification Required", "IETF Consensus", "Standards Action".

6.2. Recommended Registration Policies

For registration requests where a Designated Expert should be
consulted, the IESG Area Director for Operations should appoint the
Designated Expert.

For registration requests requiring Expert Review, the ietf-radius
mailing list should be consulted.

Packet Type Codes have a range from 1 to 254, of which 1-5,11-13 have
been allocated. Because a new Packet Type has considerable impact on
interoperability, a new Packet Type Code requires Standards Action,
and should be allocated starting at 14.

Attribute Types have a range from 1 to 255, and are the scarcest
resource in RADIUS, thus must be allocated with care. Attributes
1-53,55,60-88,90-91 have been allocated, with 17 and 21 available for
re-use. Attributes 17, 21, 54, 56-59, 89, 92-191 may be allocated
following Expert Review, with Specification Required. Release of
blocks of Attribute Types (more than 3 at a time for a given purpose)
should require IETF Consensus. It is recommended that attributes 17
and 21 be used only after all others are exhausted.

Note that RADIUS defines a mechanism for Vendor-Specific extensions
(Attribute 26) and the use of that should be encouraged instead of
allocation of global attribute types, for functions specific only to
one vendor's implementation of RADIUS, where no interoperability is
deemed useful.

As stated in the "Attributes" section above:

   "[Attribute Type] Values 192-223 are reserved for experimental
   use, values 224-240 are reserved for implementation-specific use,
   and values 241-255 are reserved and should not be used."

Therefore Attribute values 192-240 are considered Private Use, and
values 241-255 require Standards Action.

Certain attributes (for example, NAS-Port-Type) in RADIUS define a
list of values to correspond with various meanings. There can be 4
billion (2^32) values for each attribute. Adding additional values to
the list can be done on a First Come, First Served basis by the IANA.

RFC 2865   RADIUS   June 2000

7. Examples

A few examples are presented to illustrate the flow of packets and
use of typical attributes. These examples are not intended to be
exhaustive, many others are possible. Hexadecimal dumps of the
example packets are given in network byte order, using the shared
secret "xyzzy5461".

7.1. User Telnet to Specified Host

The NAS at 192.168.1.16 sends an Access-Request UDP packet to the
RADIUS Server for a user named nemo logging in on port 3 with
password "arctangent".

The Request Authenticator is a 16 octet random number generated by
the NAS.

The User-Password is 16 octets of password padded at end with nulls,
XORed with MD5(shared secret|Request Authenticator).

```
   01 00 00 38 0f 40 3f 94 73 97 80 57 bd 83 d5 cb
   98 f4 22 7a 01 06 6e 65 6d 6f 02 12 0d be 70 8d
   93 d4 13 ce 31 96 e4 3f 78 2a 0a ee 04 06 c0 a8
   01 10 05 06 00 00 00 03

    1 Code = Access-Request (1)
    1 ID = 0
    2 Length = 56
   16 Request Authenticator

   Attributes:
    6  User-Name = "nemo"
   18  User-Password
    6  NAS-IP-Address = 192.168.1.16
    6  NAS-Port = 3
```

The RADIUS server authenticates nemo, and sends an Access-Accept UDP
packet to the NAS telling it to telnet nemo to host 192.168.1.3.

The Response Authenticator is a 16-octet MD5 checksum of the code
(2), id (0), Length (38), the Request Authenticator from above, the
attributes in this reply, and the shared secret.

RFC 2865   RADIUS   June 2000

```
02 00 00 26 86 fe 22 0e 76 24 ba 2a 10 05 f6 bf
9b 55 e0 b2 06 06 00 00 00 01 0f 06 00 00 00 00
0e 06 c0 a8 01 03

  1 Code = Access-Accept (2)
  1 ID = 0 (same as in Access-Request)
  2 Length = 38
 16 Response Authenticator

Attributes:
  6 Service-Type (6) = Login (1)
  6 Login-Service (15) = Telnet (0)
  6 Login-IP-Host (14) = 192.168.1.3
```

7.2. Framed User Authenticating with CHAP

The NAS at 192.168.1.16 sends an Access-Request UDP packet to the
RADIUS Server for a user named flopsy logging in on port 20 with PPP,
authenticating using CHAP. The NAS sends along the Service-Type and
Framed-Protocol attributes as a hint to the RADIUS server that this
user is looking for PPP, although the NAS is not required to do so.

The Request Authenticator is a 16 octet random number generated by
the NAS, and is also used as the CHAP Challenge.

The CHAP-Password consists of a 1 octet CHAP ID, in this case 22,
followed by the 16 octet CHAP response.

```
01 01 00 47 2a ee 86 f0 8d 0d 55 96 9c a5 97 8e
0d 33 67 a2 01 08 66 6c 6f 70 73 79 03 13 16 e9
75 57 c3 16 18 58 95 f2 93 ff 63 44 07 72 75 04
06 c0 a8 01 10 05 06 00 00 00 14 06 06 00 00 00
02 07 06 00 00 00 01

  1 Code = 1        (Access-Request)
  1 ID = 1
  2 Length = 71
 16 Request Authenticator

Attributes:
  8 User-Name (1) = "flopsy"
 19 CHAP-Password (3)
  6 NAS-IP-Address (4) = 192.168.1.16
  6 NAS-Port (5) = 20
  6 Service-Type (6) = Framed (2)
  6 Framed-Protocol (7) = PPP (1)
```


RFC 2865   RADIUS   June 2000

The RADIUS server authenticates flopsy, and sends an Access-Accept
UDP packet to the NAS telling it to start PPP service and assign an
address for the user out of its dynamic address pool.

The Response Authenticator is a 16-octet MD5 checksum of the code
(2), id (1), Length (56), the Request Authenticator from above, the
attributes in this reply, and the shared secret.

```
02 01 00 38 15 ef bc 7d ab 26 cf a3 dc 34 d9 c0
3c 86 01 a4 06 06 00 00 00 02 07 06 00 00 00 01
08 06 ff ff ff fe 0a 06 00 00 00 02 0d 06 00 00
00 01 0c 06 00 00 05 dc

  1 Code = Access-Accept (2)
  1 ID = 1 (same as in Access-Request)
  2 Length = 56
 16 Response Authenticator

Attributes:
  6 Service-Type (6) = Framed (2)
  6 Framed-Protocol (7) = PPP (1)
  6 Framed-IP-Address (8) = 255.255.255.254
  6 Framed-Routing (10) = None (0)
  6 Framed-Compression (13) = VJ TCP/IP Header Compression (1)
  6 Framed-MTU (12) = 1500
```

7.3. User with Challenge-Response card

The NAS at 192.168.1.16 sends an Access-Request UDP packet to the
RADIUS Server for a user named mopsy logging in on port 7. The user
enters the dummy password "challenge" in this example. The challenge
and response generated by the smart card for this example are
"32769430" and "99101462".

The Request Authenticator is a 16 octet random number generated by
the NAS.

The User-Password is 16 octets of password, in this case "challenge",
padded at the end with nulls, XORed with MD5(shared secret|Request
Authenticator).

```
01 02 00 39 f3 a4 7a 1f 6a 6d 76 71 0b 94 7a b9
30 41 a0 39 01 07 6d 6f 70 73 79 02 12 33 65 75
73 77 82 89 b5 70 88 5e 15 08 48 25 c5 04 06 c0
a8 01 10 05 06 00 00 00 07
```

```
RFC 2865                    RADIUS                   June 2000

      1 Code = Access-Request (1)
      1 ID = 2
      2 Length = 57
     16 Request Authenticator

      Attributes:
      7 User-Name (1) = "mopsy"
     18 User-Password (2)
      6  NAS-IP-Address (4) = 192.168.1.16
      6  NAS-Port (5) = 7

   The RADIUS server decides to challenge mopsy, sending back a
   challenge string and looking for a response.  The RADIUS server
   therefore and sends an Access-Challenge UDP packet to the NAS.

   The Response Authenticator is a 16-octet MD5 checksum of the code
   (11), id (2), length (78), the Request Authenticator from above, the
   attributes in this reply, and the shared secret.

   The Reply-Message is "Challenge 32769430.  Enter response at prompt."

   The State is a magic cookie to be returned along with user's
   response; in this example 8 octets of data (33 32 37 36 39 34 33 30
   in hex).

      0b 02 00 4e 36 f3 c8 76 4a e8 c7 11 57 40 3c 0c
      71 ff 9c 45 12 30 43 68 61 6c 6c 65 6e 67 65 20
      33 32 37 36 39 34 33 30 2e 20 20 45 6e 74 65 72
      20 72 65 73 70 6f 6e 73 65 20 61 74 20 70 72 6f
      6d 70 74 2e 18 0a 33 32 37 36 39 34 33 30

      1 Code = Access-Challenge (11)
      1 ID = 2 (same as in Access-Request)
      2 Length = 78
     16 Response Authenticator

      Attributes:
     48  Reply-Message (18)
     10  State (24)

   The user enters his response, and the NAS send a new Access-Request
   with that response, and includes the State Attribute.

   The Request Authenticator is a new 16 octet random number.

   The User-Password is 16 octets of the user's response, in this case
   "99101462", padded at the end with nulls, XORed with MD5(shared
   secret|Request Authenticator).


Rigney, et al.          Standards Track               [Page 69]
```

```
RFC 2865                    RADIUS                   June 2000

   The state is the magic cookie from the Access-Challenge packet,
   unchanged.

      01 03 00 43 b1 22 55 6d 42 8a 13 d0 d6 25 38 07
      c4 57 ec f0 01 07 6d 6f 70 73 79 02 12 69 2c 1f
      20 5f c0 81 b9 19 b9 51 95 f5 61 a5 81 04 06 c0
      a8 01 10 05 06 00 00 00 07 18 10 33 32 37 36 39
      34 33 30

      1 Code = Access-Request (1)
      1 ID = 3 (Note that this changes.)
      2 Length = 67
     16 Request Authenticator

      Attributes:
      7  User-Name = "mopsy"
     18  User-Password
      6  NAS-IP-Address (4) = 192.168.1.16
      6  NAS-Port (5) = 7
     10  State (24)

   The Response was incorrect (for the sake of example), so the RADIUS
   server tells the NAS to reject the login attempt.

   The Response Authenticator is a 16 octet MD5 checksum of the code
   (3), id (3), length(20), the Request Authenticator from above, the
   attributes in this reply (in this case, none), and the shared secret.

      03 03 00 14 a4 2f 4f ca 45 91 6c 4e 09 c8 34 0f
      9e 74 6a a0

      1 Code = Access-Reject (3)
      1 ID = 3 (same as in Access-Request)
      2 Length = 20
     16 Response Authenticator

      Attributes:
      (none, although a Reply-Message could be sent)


Rigney, et al.          Standards Track               [Page 70]
```

8. Security Considerations

Security issues are the primary topic of this document.

In practice, within or associated with each RADIUS server, there is a
database which associates "user" names with authentication
information ("secrets"). It is not anticipated that a particular
named user would be authenticated by multiple methods. This would
make the user vulnerable to attacks which negotiate the least secure
method from among a set. Instead, for each named user there should
be an indication of exactly one method used to authenticate that user
name. If a user needs to make use of different authentication
methods under different circumstances, then distinct user names
SHOULD be employed, each of which identifies exactly one
authentication method.

Passwords and other secrets should be stored at the respective ends
such that access to them is as limited as possible. Ideally, the
secrets should only be accessible to the process requiring access in
order to perform the authentication.

The secrets should be distributed with a mechanism that limits the
number of entities that handle (and thus gain knowledge of) the
secret. Ideally, no unauthorized person should ever gain knowledge
of the secrets. It is possible to achieve this with SNMP Security
Protocols [14], but such a mechanism is outside the scope of this
specification.

Other distribution methods are currently undergoing research and
experimentation. The SNMP Security document [14] also has an
excellent overview of threats to network protocols.

The User-Password hiding mechanism described in Section 5.2 has not
been subjected to significant amounts of cryptanalysis in the
published literature. Some in the IETF community are concerned that
this method might not provide sufficient confidentiality protection
[15] to passwords transmitted using RADIUS. Users should evaluate
their threat environment and consider whether additional security
mechanisms should be employed.

9. Change Log

The following changes have been made from RFC 2138:

Strings should use UTF-8 instead of US-ASCII and should be handled as
8-bit data.

Integers and dates are now defined as 32 bit unsigned values.

Updated list of attributes that can be included in Access-Challenge
to be consistent with the table of attributes.

User-Name mentions Network Access Identifiers.

User-Name may now be sent in Access-Accept for use with accounting
and Rlogin.

Values added for Service-Type, Login-Service, Framed-Protocol,
Framed-Compression, and NAS-Port-Type.

NAS-Port can now use all 32 bits.

Examples now include hexadecimal displays of the packets.

Source UDP port must be used in conjunction with the Request
Identifier when identifying duplicates.

Multiple subattributes may be allowed in a Vendor-Specific attribute.

An Access-Request is now required to contain either a NAS-IP-Address
or NAS-Identifier (or may contain both).

Added notes under "Operations" with more information on proxy,
retransmissions, and keep-alives.

If multiple Attributes with the same Type are present, the order of
Attributes with the same Type MUST be preserved by any proxies.

Clarified Proxy-State.

Clarified that Attributes must not depend on position within the
packet, as long as Attributes of the same type are kept in order.

Added IANA Considerations section.

Updated section on "Proxy" under "Operations".

Framed-MTU can now be sent in Access-Request as a hint.

Updated Security Considerations.

Text strings identified as a subset of string, to clarify use of
UTF-8.

RFC 2865   RADIUS   June 2000

10. References

[1]   Rigney, C., Rubens, A., Simpson, W. and S. Willens, "Remote
      Authentication Dial In User Service (RADIUS)", RFC 2138, April
      1997.

[2]   Bradner, S., "Key words for use in RFCs to Indicate Requirement
      Levels", BCP 14, RFC 2119, March, 1997.

[3]   Rivest, R. and S. Dusse, "The MD5 Message-Digest Algorithm",
      RFC 1321, April 1992.

[4]   Postel, J., "User Datagram Protocol", STD 6, RFC 768, August
      1980.

[5]   Rigney, C., "RADIUS Accounting", RFC 2866, June 2000.

[6]   Reynolds, J. and J. Postel, "Assigned Numbers", STD 2, RFC
      1700, October 1994.

[7]   Yergeau, F., "UTF-8, a transformation format of ISO 10646", RFC
      2279, January 1998.

[8]   Aboba, B. and M. Beadles, "The Network Access Identifier", RFC
      2486, January 1999.

[9]   Kaufman, C., Perlman, R., and Speciner, M., "Network Security:
      Private Communications in a Public World", Prentice Hall, March
      1995, ISBN 0-13-061466-1.

[10] Jacobson, V., "Compressing TCP/IP headers for low-speed serial
      links", RFC 1144, February 1990.

[11] ISO 8859. International Standard -- Information Processing --
      8-bit Single-Byte Coded Graphic Character Sets -- Part 1: Latin
      Alphabet No. 1, ISO 8859-1:1987.

[12] Sklower, K., Lloyd, B., McGregor, G., Carr, D. and T.
      Coradetti, "The PPP Multilink Protocol (MP)", RFC 1990, August
      1996.

[13] Alvestrand, H. and T. Narten, "Guidelines for Writing an IANA
      Considerations Section in RFCs", BCP 26, RFC 2434, October
      1998.

[14] Galvin, J., McCloghrie, K. and J. Davin, "SNMP Security
      Protocols", RFC 1352, July 1992.

[15] Dobbertin, H., "The Status of MD5 After a Recent Attack",
      CryptoBytes Vol.2 No.2, Summer 1996.

11. Acknowledgements

RADIUS was originally developed by Steve Willens of Livingston
Enterprises for their PortMaster series of Network Access Servers.

12. Chair's Address

The working group can be contacted via the current chair:

Carl Rigney
Livingston Enterprises
4464 Willow Road
Pleasanton, California 94588

Phone: +1 925 737 2100
EMail: cdr@telemancy.com

RFC 2865   RADIUS   June 2000

13. Authors' Addresses

   Questions about this memo can also be directed to:

   Carl Rigney
   Livingston Enterprises
   4464 Willow Road
   Pleasanton, California 94588

   Phone: +1 925 737 2100
   EMail: cdr@telemancy.com

   Allan C. Rubens
   Merit Network, Inc.
   4251 Plymouth Road
   Ann Arbor, Michigan 48105-2785

   EMail: acr@merit.edu

   William Allen Simpson
   Daydreamer
   Computer Systems Consulting Services
   1384 Fontaine
   Madison Heights, Michigan 48071

   EMail: wsimpson@greendragon.com

   Steve Willens
   Livingston Enterprises
   4464 Willow Road
   Pleasanton, California 94588

   EMail: steve@livingston.com

RFC 2865   RADIUS   June 2000

14. Full Copyright Statement

   Copyright (C) The Internet Society (2000). All Rights Reserved.

   This document and translations of it may be copied and furnished to
   others, and derivative works that comment on or otherwise explain it
   or assist in its implementation may be prepared, copied, published
   and distributed, in whole or in part, without restriction of any
   kind, provided that the above copyright notice and this paragraph are
   included on all such copies and derivative works. However, this
   document itself may not be modified in any way, such as by removing
   the copyright notice or references to the Internet Society or other
   Internet organizations, except as needed for the purpose of
   developing Internet standards in which case the procedures for
   copyrights defined in the Internet Standards process must be
   followed, or as required to translate it into languages other than
   English.

   The limited permissions granted above are perpetual and will not be
   revoked by the Internet Society or its successors or assigns.

   This document and the information contained herein is provided on an
   "AS IS" basis and THE INTERNET SOCIETY AND THE INTERNET ENGINEERING
   TASK FORCE DISCLAIMS ALL WARRANTIES, EXPRESS OR IMPLIED, INCLUDING
   BUT NOT LIMITED TO ANY WARRANTY THAT THE USE OF THE INFORMATION
   HEREIN WILL NOT INFRINGE ANY RIGHTS OR ANY IMPLIED WARRANTIES OF
   MERCHANTABILITY OR FITNESS FOR A PARTICULAR PURPOSE.

Acknowledgement

   Funding for the RFC Editor function is currently provided by the
   Internet Society.

Index

Autres publications

Dépôt légal : novembre 2006
N° d'éditeur : 7349
Imprimé en Allemagne par BoD